イネという
不思議な植物

稲垣栄洋 Inagaki Hidehiro

JN230843

★——ちくまプリマー新書

324

目次＊Contents

はじめに……9

第一章　米って何だ？……12

お米はイネの種子／米は芽を出すか？／イネの芽生え／白米の炭水化物／「せんべい」と「あられ」の違い／もち米という不思議な米／「粳」と「糯」の違い／もち米が呼ぶ幸せ／生米は食べられない／もち米の調理方法／おいしいお米を求めて／人間が守ってきた特別な米／花粉が米に影響する／植物の特殊な受精／もう一つの白い米／日本酒の作り方／さらに日本酒が姿を変える／白米が白い理由／赤飯への思い／皮が重要だ

第二章　イネという植物……47

第一話　イネとはどんな植物だろう………47
イネの仲間の植物／イネ科の誕生／花びらを捨てたイネ科植物／イネの花の構造／姿を変えたイネ科植物の工夫／大切な部分を守る／ある工夫された工作／そしてイネ科は株になる／素早く成し遂げる／鮮やかな節間伸長／草食動物の生き残り戦略／草食動物の進化／魅力的なイネ科植物の種子／イネ科の種子が人類を救った／そして人は人となった／農業の生まれる場所／農業のはじまり／「糖」の魅力／イネの祖先／湿地に適応したイネ科植物

第二話　日本の米と世界の米………84
二種類のイネ／リンネのアイデア／山田家の太郎くん／ゴリラ・ゴリラの謎／日本の米と世界の米／ジャポニカを選んだ日本人／米が作った食文化

第三章　田んぼというシステム……95
水浸しの平野／田んぼに水を入れる理由／田んぼの進化／田んぼの開発ブーム／そして平野が開発された／田んぼの面積が二倍になった／田んぼが水をコントロールする／水田は砂漠化しない／農業による環境破壊／田んぼの底力／連作が可能な田んぼ／ごちゃごちゃした日本の風景／生産性の高いイネ／過密な人口を支えるイネ／手を掛ける農業／世界がうらやむ農業

第四章　米で読み解く日本の歴史……124
日本の米がやってきた／東日本にイネが広がらなかった理由／稲作と富／時代を大きく変えたもの／その頃、中国大陸では……／鉄の発見

／弥生時代からの技術／巨大なクニの出現／大和政権は米が大好き／北限の稲作地帯／肉食の禁止／米が支えた肉食の禁止／田んぼを拡大したい／新しい村々の誕生／お米が決めた単位／米はお金の代わりだった？／どうして米が大切なのか／米が貨幣になった理由／昔の精米技術／江戸患いの謎／米作りへの執念／北の大地の挑戦／産地の北進

第五章　米と日本人……170

苗字はイネの苗／ひな祭りも子どもの日も田んぼの行事だった／「さの神様」がやってくる／サクラは神さまの依代／お月見のススキの意味／国技の相撲と田んぼの関係／稲荷神社にキツネが祭られる理由／水を守るヘビ／田んぼの神様がやってくる／神様を感じる／「米」という神聖なもの／日本人は田植えのリズム／日本人のアイデンティティ／災害を乗り越えて／世界に誇るべきもの

おわりに………196

イラスト＝花福こざる

はじめに

皆さんは、白いご飯が好きだろうか。

中には、白飯が好きすぎて、おかずがいらないとか、米をおかずに米を食べるという人もいる。

残念ながら、私はそこまでの白飯好きではないと思う。パンも好きだし、ラーメンやパスタも好きだ。米がなくても、何の不自由もなく、他のものを食べて生きていけるような気もする。


しかし……

海外に出掛けると、無性に米の飯が恋しくなってしまう。そして、日本に戻ってくると、何はなくとも、真っ先に空港でおにぎりを買って食べる。

もしかすると、やはり私も米が好きなのかも知れない。

「日本は瑞穂《みずほ》の国」だとか、「米は日本人の心だ」とか、今さら古臭いことを言うつもりは、殊更《ことさら》ないが、やはり、私にとっても、米は特別な食べ物なのだろう。

米は、イネという植物の種子《たね》である。

イネはコムギやトウモロコシと共に、世界三大穀物の一つに数えられていて、アジアを中心に世界中で栽培されている。

世界には、たくさんの植物がある。それなのに、どうして昔の人たちは、数ある植物の中からイネを選んだのだろうか。そして、米はどうして日本人にとって特別な食べ物になったのだろうか。

白いご飯は当たり前すぎて、あまり考えることはないが、よくよく考えてみると、イネという植物は不思議な存在である。

本書ではそんなイネの不思議に迫ってみたいと思う。

本書は、若い読者に向けて著した『植物はなぜ動かないのか』『雑草はなぜそこに生えているのか』に続く、三冊目の本である。

一冊目の『植物はなぜ動かないのか』では植物についてわかりやすく紹介をした。理科の教科書で見ると無味乾燥で味気がないように見える植物であるが、その実は、ダイナミックな生き方をしていた。そして、私たち人間と比較してみると、植物というのは、ずいぶんと奇妙で変わった生き方をしている生き物であった。

二冊目の『雑草はなぜそこに生えているのか』では、身の回りに生える雑草を取り上げた。何気なく生えている雑草であるが、じつは特殊な環境に適応し、特殊な進化を遂げた特殊な植物たちであった。そして、教科書どおりでない、教科書からはみ出した生き方をしている植物でもあった。私たち人間は気合にまかせて「雑草魂」と軽々しく言うが、本当の雑草魂は合理的な戦略に満ちたものであることを紹介した。

そして、三冊目の本著で取り上げたのは、「イネ」である。

イネもまた、奇妙で不思議な植物である。しかも、イネは、私たち日本人の歴史や文化とも深く関わっている。そして、日本人はイネを作るために田んぼを作り、日本の原風景さえも作りだした。また、お米がお金代わりだった時代もあるというし、現在でも、米は経済的に重要な作物だ。

イネというのは、まったく無視できない不思議な存在である。

はたして、イネとはどんな植物なのだろうか。それでは共に学んでいくことにしよう。

第一章　米って何だ？

こんな会話を聞くことがある。

「ごはん、何食べた？」

「昼ごはんは、ラーメン食べた」

ごはんは漢字では「御飯」と書く。つまり、米の飯のことだ。

しかし私たちは、ラーメンを食べても、「ごはんを食べた」と言う。パンを食べても、パスタを食べても、私たちは「ごはん」という。ごはんという言葉は、言わば食事の代名詞になっているのだ。

米とはいったい、何物なのだろうか？

お米はイネの種子

私たちが食べるお米とは、いったい何なのだろう。

米は、イネという植物の種子《たね》である。もっとも、お米を見ても植物の種子という感じがしないかも知れない。

突然だが、米の絵を描《か》いてみてほしい。

ただ楕円《だえん》を描くのではなく、楕円を描いて、一部分を欠けさせると何となくお米に見える。お米は、一部が凹《へこ》んでいるのだ。この凹んだ部分が、イネが種子であることを示している。

お米屋さんに行くと、「玄米」というものを売っている。この玄米を観察すると、凹んだ部分に、何かが詰まっている。これが植物の「胚《はい》」である。お米の場合は「胚芽」と呼ばれている。胚というのは、植物の芽生えになる部分である。つまりは、イネの赤ちゃんの部分なのだ。

種子には、植物が芽生えるための栄養分を蓄える部分がある。これが、胚乳と呼ばれるものである。胚乳は、いわば赤ちゃんが育つためのミルクのようなものである。そして、玄米

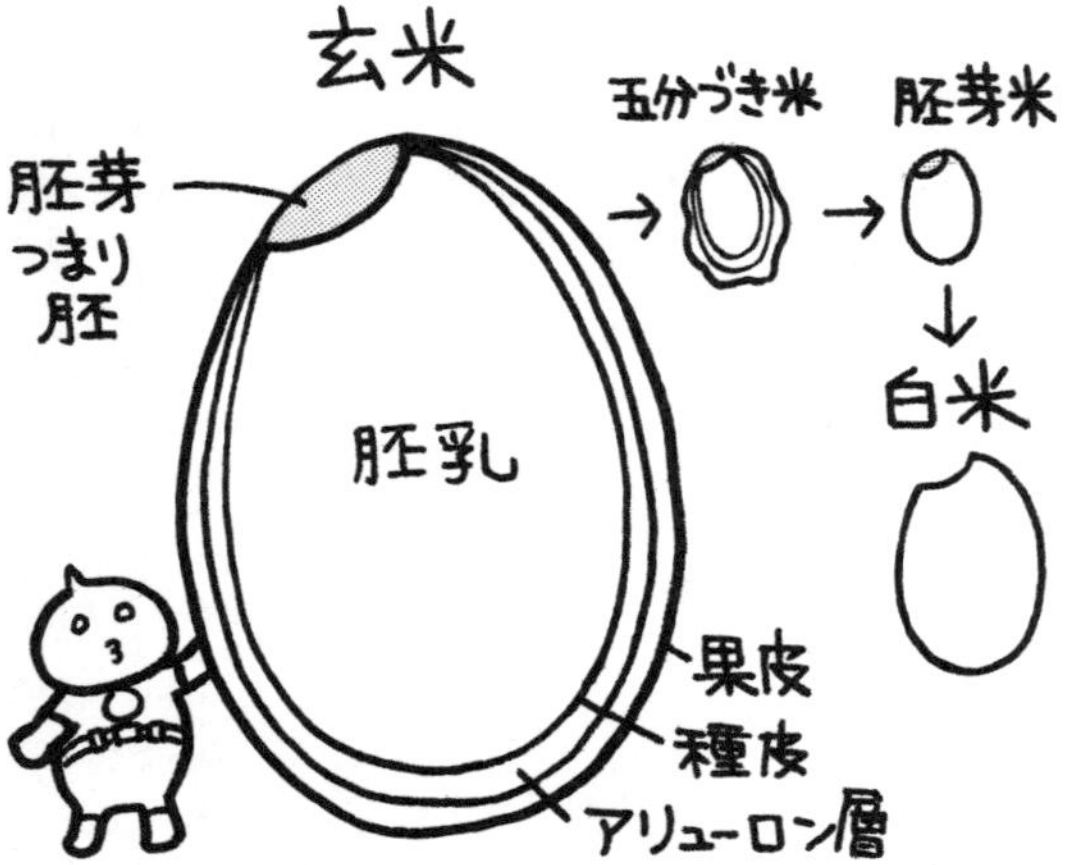

図1　私たちは胚乳を食べている

は胚と胚乳からできているのである。

稲穂についているたくさんの粒は、籾《もみ》と呼ばれる。この籾の殻を剝《む》いて種子だけを取り出したものが、玄米である。

玄米に対して、私たちが食べる白いお米は胚芽の部分が取り除かれている。つまり、私たちは、種子の発芽の栄養分の部分だけを取り出して食べているのである。たとえるなら、赤ちゃんのミルクを横取りしているようなものなのだ（図1）。

植物の体になる胚には、さまざまな栄養がある。また玄米には、種子を雑菌から守るための薄い皮があり、皮の下には、胚乳の栄養を胚に送るためのアリューロン層と呼ばれる層がある。これらの部分は、生命活動を行うために、さまざまな栄養分を含んでいる。玄米は栄養があると言われるのはそのためだ。

しかし、さまざまな栄養分というのは時に苦味や渋味、雑味などの原因になる。そこで、雑味のない胚乳の部分だけを取り出したのが、白米なのである。

ニンジンなどの野菜も皮に栄養があると言われるが、皮を剝いた方がおいしく食べられるのと同じである。

そのため、玄米は削って胚芽や皮を取り除く。これが「精米」と呼ばれる作業である。そして、取り除かれた胚芽や皮は、「米ぬか」と呼ばれるのである。


米は芽を出すか？


米はイネの種子である。

それでは、私たちが食べるお米を播《ま》けば、芽が出るのだろうか？

白米は、種子の胚乳の部分だけを取り出したものであり、植物の芽生えの元になる胚がない。そのため、白米を播いてどんなに待っていても、芽は出てこない。

それでは、玄米はどうだろう。

玄米には芽生えの元になる胚芽と、芽生えのエネルギー源となる胚乳とがある。そのため、玄米は芽を出すことができる。

もっとも、種子を守るための殻を取り除いているので、そのまま土に播いても雑菌にやられてしまう。水を張ったお皿などに玄米を入れておけば、玄米が芽を出すのを観察することができるだろう。

それでは胚芽米はどうだろう。

「胚芽米」というのは、皮の部分は削って、胚芽の部分を残した米のことだ。胚芽米には、玄米と同じように胚芽と胚乳とがある。しかし、残念ながら胚芽米も芽を出すことはない。

すでに紹介したように、玄米の皮の下には、胚乳の栄養を胚芽に送るためのアリューロン層と呼ばれる層がある。胚芽米は、このアリューロン層が取り除かれているため、胚芽が胚乳の栄養を使えないのである。

イネの芽生え

玄米を水に浸して、発芽のようすを観察してみることにしよう。

子どもの頃、アサガオの芽生えの観察をした人も多いだろう。しかし、イネの芽生えはアサガオとはずいぶん違っている。

まず、アサガオなどの植物は、先に根を出し、後から芽を出す。これは、まずは根を張ることで、水や養分を吸収することが大切だからである。イネの種子も、根が先に出る。しかし、水を張って水の中に埋没していると、根よりも先に芽が出てくる。水の中の種子にとっては、水を吸うことよりも、酸素を吸うことの方が大切である。そのため、先に芽を出すのである。

アサガオは、芽を出した後に双葉が開く。二枚あるから双葉と呼ばれている。植物学では、最初に出た葉っぱを子葉と言い、子葉が二枚ある植物を双子葉植物と呼ぶ。アサガオは双子葉植物なのだ。

これに対して、子葉が一枚の植物を単子葉植物と言う。ところが、イネは子葉が開かずに、筒のようになっている。イネの子葉は、刀を入れる鞘《さや》のようになっているので、鞘葉《しょうよう》と呼ばれている（図2）。

アサガオは子葉の次に本葉が開く。ところが、イネは本葉も開かない。葉のように見えないので、イネの最初の本葉は不完全葉と呼ばれている。

アサガオは双葉が出て、本葉が出れば、次々に葉をつけながら、茎をのばしていく。イネも二枚目の本葉からは、葉っぱらしい葉っぱになる。しかし、イネは茎が伸びない。ただ、

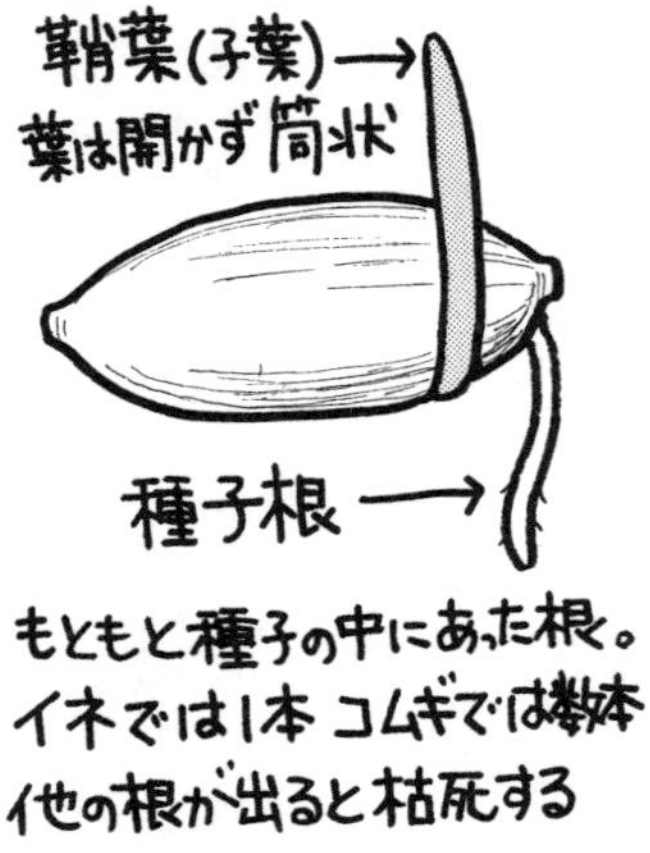

図2　特徴的なイネの発芽

葉を増やしていくだけだ。
イネの芽生えは奇妙である。
どうして、こんなに奇妙な成長をするのかは、次の章で詳しく説明することにしよう。

白米の炭水化物

白米は、種子の胚乳の部分である。胚乳の持つ発芽のエネルギーは、私たちにとっても生きるエネルギーになる。

白米の持つ主な栄養は、炭水化物である。炭水化物は、種子が発芽をするためのエネルギーを生み出す栄養分となる。

もっとも、すべての植物の種子が炭水化物を主な栄養分としているわけではない。たとえば、マメ科作物の種子であるダイズは、脂質やタンパク質を多く含んでいる。あるいは、ゴマやナタネなど油の原料となる種子は、脂肪種子と呼ばれて脂質を多く含んでいる。脂質は炭水化物と同じように発芽のためのエネルギーであるが、炭水化物に比べると莫大《ばくだい》なエネルギーを生み出すという特徴がある。脂質をたくさん含み油の原料となるヒマワリは成長量が大きいことで特徴づけられるし、同じように油を搾るゴマやナタネはごく小さい種子の中に発芽のエネルギーを蓄えている。

それでは、どうして、米の主な栄養は炭水化物なのだろうか。

イネの仲間の植物は「イネ科植物」と呼ばれている。イネの種子である米が炭水化物を蓄えている理由には、このイネ科植物の進化のドラマが隠されている。

この理由は、第二章で改めて紹介することにしたい。

「せんべい」と「あられ」の違い

ところで、「せんべい」と「あられ」は何が違うのだろうか？

あるいは、「お団子」と「お餅」は何が違うのだろうか？

色々な違いがあるが、ここでは原料に注目してみたい。

「せんべい」と「あられ」、「お団子」と「お餅」の違いは、原料の違いにある。米には、「粳」と呼ばれるものと、「糯」と呼ばれるものがある。せんべいとお団子は、粳米を原料にしている。これに対してあられとお餅は、糯米を原料としているのである。

ところで、ここに登場した、「粳」と「糯」という漢字は複雑で似ているが、何と読むのだろうか。

心配はいらない。この章を読み終わる頃には、皆さんは、この二つの難読漢字を難なく読み分けることができるだろう。

「粳」は「うるち」と読む。うるち米というのは、私たちがふだん食べるお米のことだ。「うるち」というのは、少し不思議な日本語のように思えるが、古代の日本語では食糧となるデンプン源を「URI」という発音で呼んでいたという。たとえば、縄文時代に食べられていた「クリ（Kuri）」や「クルミ（Kurumi）」も「URI」という発音から構成される。あるいは「ユリ（Yuri）」という名前の植物もある。じつは、オニユリなどのユリは球根を食糧にするために大陸から日本に持ち込まれているのだ。

そして、「うるち」という言葉も、この「URI」に由来すると言われている。

一方、「糯」は「もち」と読む。つまりはお餅を作るための「もち米」のことだ。ちなみに、「もち」というと「餅」という漢字が思い浮かぶが、「餅」は食べるもちのことである。餅はもともと中国では小麦粉生地を練って薄くのばして焼いたものを指す漢字である。米の種類としての「もち」は「糯」という漢字を使う。

それでは「粳米《うるちまい》」と「糯米《もちごめ》」とは、何が違うのだろう。

もち米という不思議な米

うるち米ともち米の違いは、含まれているデンプンの違いによる。

細胞の中にはアミロプラストと呼ばれるデンプンを蓄える器官がある。米はこのアミロプラストの中にデンプンをいっぱいに蓄えていくのだ。

うるち米は、アミロースとアミロペクチンという二種類のデンプンを含んでいる。これに対して、もち米はアミロペクチンのみを含んでいるという違いがある。

アミロースとアミロペクチンは、どちらもブドウ糖がつながってできているが、その構造が異なる。アミロースは一本の鎖のように直鎖状につながっているのに対して、アミロペクチンは枝分かれをした分枝構造になっているのだ。

たったこれだけの、このデンプンの種類の違いが、うるち米ともち米のすべての違いを作りだす。

たとえば、分枝状のアミロペクチンは、枝分かれした部分が絡み合うため、粘るという特徴がある。もち米で作った餅が粘るのはそのためなのだ。

あるいは、ふだん口にするうるち米は透明な色をしているが、もち米は白く濁っているという見た目の違いもある。一本鎖でつながったアミロースは、鉛筆を箱に入れるように、ぎっしりとすきまなく詰めることができる。すきまがないので光が反射することなく、通過していくのだ。

これに対して、分枝状になった構造が絡み合っているアミロペクチンは、すきまができてしまう。このすきまにある空気が光を乱反射して、白く濁って見えるのである。

「粳」と「糯」の違い

他にも違いはある。

アミロースは鎖状につながった分子が短いので、水に溶けやすいという特徴がある。しかし、一本鎖でつながったアミロースは、すきまなく詰まっている。そのため、アミロースが塊になっていれば、分子構造のすきまに水が入ることがなく、結果としてアミロースを持つうるち米は、水分を含みにくい特徴を持つことになる。つまりは保存しやすいということなのだ。

一方、分枝状になった構造が絡み合っているアミロペクチンは、どうしてもすきまに水が入ってしまう。そのため、アミロペクチンのみを持つもち米は、水分を吸収しやすいということになる。そのため、カビなどが生えやすくなってしまうのだ。

つまり、うるち米は硬いのが特徴で、もち米は濡《ぬ》れやすいというのが特徴になる。

もう一度、漢字を見てみよう。

「うるち」は漢字で「粳」と書く。つまり米偏に「硬い」と書く。

そして、「もち」は漢字で「糯」と書く。つまりは米偏に「濡れる」と書くのである。

もち米が呼ぶ幸せ

水分を含みにくいうるち米は、保存が利く。そのため、日常的に食べるお米としては、うるち米が優れている。

一方、もち米は、保存しにくい。そのため、主に特別なときに食べる米として利用されている。そういえば、お餅を食べるのは、お祝いのときや、正月や桃の節句、端午《たんご》の節句のような特別な行事のときである。

それにしても、どうして昔の人たちは保存が利きにくいもち米を大切に食べてきたのだろう。これも、もち米のアミロペクチンが関係している。

鎖状につながったブドウ糖は、端の方から分解されていく。分枝構造をしているアミロペクチンは、端の数が多いのでアミロースよりも分解されやすい。

そのため、アミロペクチンを含むもち米は、普通の米よりも消化吸収されやすいという特徴があるのである。消化吸収が早ければ、血糖値が早く上がり、人間は幸福感を得やすくなる。そして、この特別な幸福感ゆえに、もち米は大切な行事食として利用され続けてきたのである。

生米は食べられない

天下分け目の関ヶ原の合戦の前夜は雨で、野営で米を炊くことができなかった。東軍の将である徳川家康は、けっして生米を食べることのないように全軍の兵士たちに言い渡したという。

生の米は消化が悪く、食べれば腹を壊す。そこで家康は米を十分に水に浸し、やわらかくして食べるように命令を下したのである。この指示の影響がどれだけあったかは推測しようもないが、翌日の合戦は東軍の圧勝に終わった。

アミロースは、固く結合しているので、水に溶けにくい。アミロペクチンも水に溶けやすいとは言っても、生で食べれば、すぐに消化されることはない。そのため、米は加熱をする必要があるのである。

加熱をすると固くつながったアミロースの結合もゆるむし、アミロペクチンは結合が離れてくる。そのため、米がやわらかくなり粘りを持つようになるのである。この状態を糊化《こか》という。また、水に溶けないデンプンの状態をβ《ベータ》状態というのに対して、加熱して糊化することをデンプンのα《アルファ》化という言い方もする。

α化したデンプンは、時間が経《た》つと再びβ状態になる。ご飯粒が、カチカチに硬くなるのは、デンプンがβ状態に戻ってしまうからである。

戦国時代の兵士たちは、一度炊いた米を日に干して乾燥させ「干《ほ》し飯《いい》」という保存食を作った。ちなみに、干し飯は漢字一文字では米偏に「備」のつくりで「糒《ほしいい》」と書く。干し飯は、炊いてα化した状態で乾燥させているので、どんなに硬くなっても消化吸収することができる。最近では、非常食やアウトドア食として用いられる「α米」も、α化された米を保存できるようにしたものである。

もち米の調理方法

さて、アミロースとアミロペクチンの分枝構造の違いは、米の調理の仕方にも影響をしている。

ご飯はうるち米を炊いて作る。米を炊くと加熱された水が対流して、均一に熱を加えていく。この対流によって、すべての米が万遍なく炊き上がっていくのである。

ところが、もち米を炊いても、この対流が起こりにくい。

すでに紹介したように、枝分かれした分枝構造のすきまには水分が入りやすい。そのため、対流に必要な水を一気に吸収してしまうのである。その代わり、水分を吸収しやすいので、少ない水でも調理できるという利点がある。そこでもち米は加熱した蒸気で「蒸す」という方法で調理をするのである。

そういえば、餅つきをするときにも、まずもち米を蒸す工程がある。また、おこわや赤飯、中華ちまきなど、もち米を材料とする料理は、すべて蒸して作られている。

おいしいお米を求めて

もち米は幸福感をもたらしてくれる。しかし、炊くことができない。

そうだとすれば、もち米に近いようなうるち米を作れば良いのではないだろうか。

もち米とうるち米の違いは、アミロースの割合だから、もち米に近づけるためには、アミロースを減らしてアミロペクチンの割合を増やしていけば良い。

この考え方で改良されたのが、「低アミロース米」と呼ばれるものである。

低アミロース米として有名な品種が「ミルキークィーン」である。もっちりとした歯ごたえのミルキークィーンは、これまでにない新しい米を作りだそうという国のスーパーライス計画の中で作りだされた新しい米である。

ミルキークィーンは、コシヒカリの突然変異から作りだされた低アミロース米である。

このミルキークィーンをきっかけにして、現在では、さまざまな低アミロース米が開発されている。

ところで、「古いお米にもち米を混ぜて炊くと、コシヒカリのように美味《おい》しい米になる」と巷《ちまた》では、まことしやかに言われている。これは本当だろうか。

これも、アミロースから説明することができる。古い米にアミロースを含まないもち米を混ぜることによって、全体のアミロペクチンの割合が増加し、アミロースの割合が減少する。そして、全体のもちもち感が増すのである。

人間が守ってきた特別な米

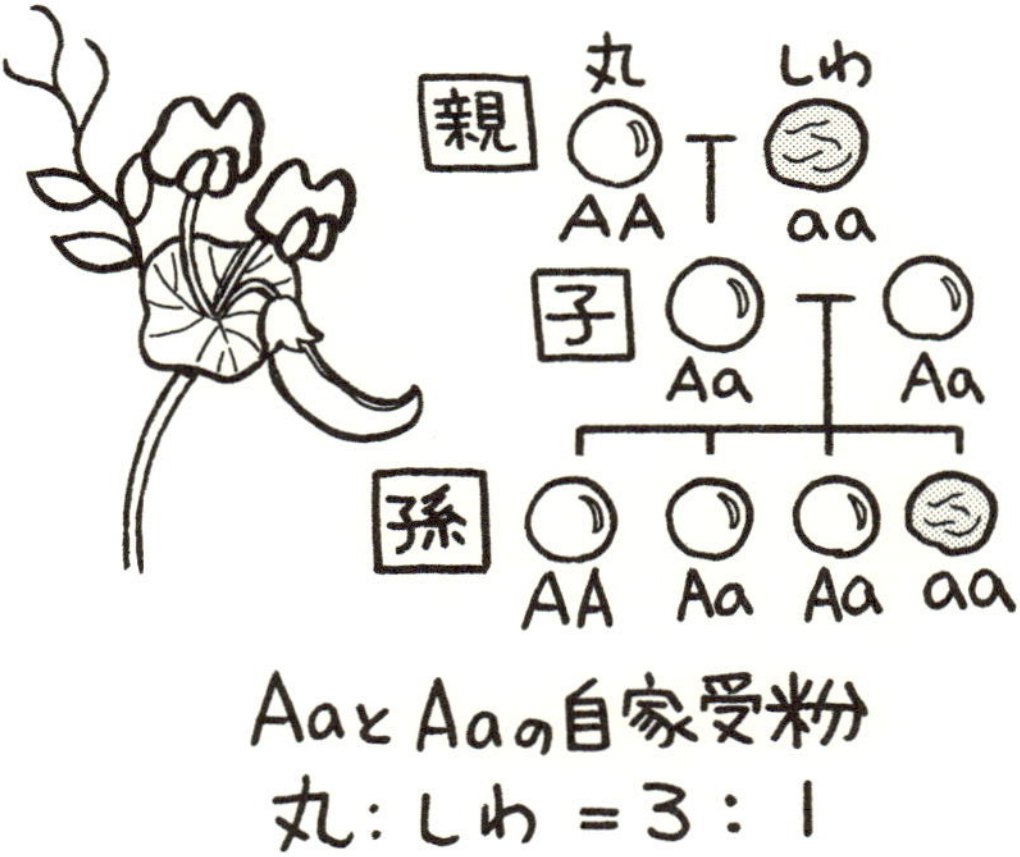

図3　メンデルの遺伝の法則

うるち米ともち米との違いを決めるのは、たった一つの遺伝子であることがわかっている。たった一つの遺伝子で支配されているということは、メンデルの遺伝の法則に従うことになる。

メンデルの遺伝の法則を復習してみよう（図3）。

たとえばエンドウには、豆にしわをつけない遺伝子Aと、豆にしわをつける遺伝子aが存在している。このとき、Aとaを対立遺伝子と言い、遺伝子Aを優性遺伝子、遺伝子aを劣性遺伝子と呼ぶ。遺伝子は、常にペアで存在するので、このAとaを二つ持つ組み合わせは、AA、Aa、aaの三種類である。

AAはしわのない豆となり、aaはしわの

ある豆となる。そして、Ａａの場合は、優性遺伝子のＡの方が優先してしわのない豆となるのである。もっとも、便宜的に優性遺伝子と劣性遺伝子という用語が使われているが、しわをつけない優性遺伝子のＡの方が、しわをつける劣性遺伝子のａよりも、優れた形質ということではない。ただ、豆の見た目の形質は、優性遺伝子の方が優先されるということなのだ。つまり優性遺伝子は、優れているという意味ではなく、優先されるという意味合いなのである。

それでは、ＡＡとａａを掛け合わせてみるとどうだろう。

これは、Ａとａの組み合わせなので、すべてＡａとなる。つまり、しわのない豆となるのだ。これが優性の法則である。

さて、ＡＡ、ａａというように、同じ遺伝子の組み合わせを持っているものをホモ接合型、Ａａのように、異なる遺伝子の組み合わせを持っているものをヘテロ接合型と言う。

うるち米ともち米を分ける遺伝子のうち、アミロースを持たずもち米となる「もち性」と呼ばれる性質は劣性遺伝子である。つまり、アミロースを持つうるち米になる性質が、優性の遺伝子なのである。エンドウの例と同じように、もち性の劣性遺伝子をａ、うるち米となる優性遺伝子をＡとすると、もち米になる組み合わせは、劣性遺伝子のホモ接合体であるａ ａａのみである。

イネは、自殖性の作物で、自分の花粉を自分の雌しべにつけて、種子を作ることができるので、ａａのもち米が自殖をしていれば、もち米は保たれる。

しかし、低い確率ではあるが、他のイネの花粉が混ざることもある。もし、うるち米となるＡという遺伝子が交雑すれば、Ａａとなり、もち性を保つことができない。

もともともち米は、うるち米の突然変異で出現したとされている。

実は野生のイネは、自分の花粉では種子をつけない他殖性の性質を持っているため、突然変異でもち米が出現しても、すぐにうるち米の花粉が交配して、うるち米の性質を持ってしまう。そのため、もち米は本来、自然界では存在しないのである。

もち米は、人間の祖先がその突然変異を発見し、大切に劣性遺伝子の組み合わせを守り継いできた奇跡の産物なのだ。

花粉が米に影響する

ただし、もち米の遺伝の話と、エンドウの種子のしわの話は、決定的に違うことがある。

豆にしわをつけるａａという株に、しわをつけないＡＡという株の花粉が交配する。

実際、できあがった種子である豆は、ａａの株にできた種子だから、どんな遺伝子交配をしようと、しわがある。それがａａの株の持つ特徴だからだ。

そして、種子の中には胚がある。これが受精によって作られた次の世代の赤ちゃんである。この赤ちゃんの遺伝子は、それぞれの遺伝子が受け継がれて、Ａａというヘテロ接合型の組み合わせとなる。そして、子どもの世代の株はＡａという遺伝子を持っているから、作りだす豆は優性遺伝子の性質が現れてしわのないものとなるのである。

しかし、赤ちゃんを取り囲む豆の皮は母親の作りだしたものだから、しわがある母親の特徴が現れるのである。

両親からの遺伝は子どもの世代に受け継がれる。これが当たり前である。

ところが、である。劣性遺伝子のａａという組み合わせを持つもち米に、うるち米の花粉が受粉すると、子どもの世代を待つことなく、作られる米がうるち米になってしまう。

これは、不思議なことである。

もち米の株なのに、受精によって作られた米がうるち米に変化してしまったということは、胚乳の部分がうるち米の性質を持ってしまったということになる。

イネの種子である米も、植物の芽生えとなる胚という赤ちゃんの部分と、赤ちゃんのミルクのように発芽のエネルギー源となる部分からなっている。

受精によってできた種子の中の胚は、母親と父親からの遺伝によって形質が決まる。ところが、胚乳は、胚の外側にある部分である。つまりは、元の株から作られるものである。この胚乳が花粉の性質の影響を受けたということは、人間でいえば、お母さんのお腹《なか》にお父さんの特徴が遺伝したり、母乳に父親の遺伝子の影響が出たようなものなのだ。何という奇妙な現象なのだろう。

この奇妙な現象は「キセニア」と呼ばれている。そして、このキセニアこそが、理科の教科書で習った植物の「重複受精《ちょうふくじゅせい》」のなせる技なのである。

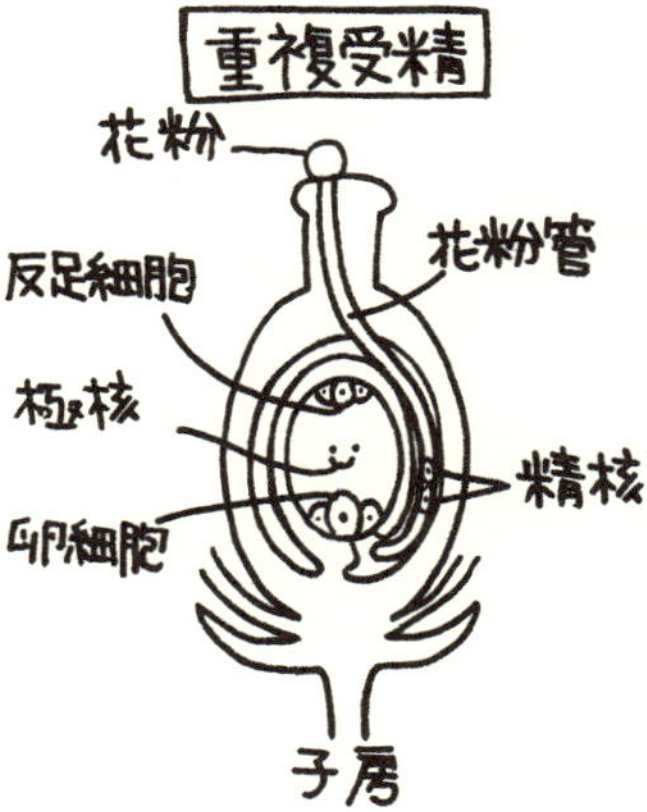

図４　胚と胚乳ができる不思議な受精

植物の特殊な受精

植物は重複受精という複雑な受精を行う。

雌しべの先に花粉がつくと、まるで種子が発芽をするように、花粉も発芽する。そして、花粉管と呼ばれる管を伸ばして、雌しべの中を進んでいくのである。そして、花粉管が胚珠の中に到達すると、花粉の中にあった精核は花粉管の中を通って移動するのである（図4）。

奇妙なのは、この後である。

人間の精子は一つの核を持っていて、卵子と受精する。ところが、植物の花粉は核を二つ持っている。このうちの一つは、通常の受精をして赤ちゃんである胚を作る。そして、あろうことか、もう一つの精核は、別の受精をして赤ちゃんのミルクの部分に当たる胚乳を作るのである。

このように植物は、二つの受精を行っていることから、「重複受精」と呼ばれているのである。

重複受精は、すべての植物で起こるが、通常は胚乳の特徴など気にしないから、問題にされることがない。ところが胚乳の部分を食べる米では、この胚乳の性質が問題になるのである。

それにしても、どうして、胚乳の部分まで、受精をして作らなければならないのだろうか。

すべての生物は染色体という遺伝子の塊を持っている。染色体は、父親から受け継いだものと母親から受け継いだものがあり、二本で一セットになっている。この状態を2nと呼ぶことにしよう。

これが減数分裂をして、花粉の精核や胚珠の卵子が作られる。この精核や卵子は、染色体を一本しか持たない。そのため、nとなる。

植物の受精も、花粉の精核と胚珠の卵子から一本ずつ染色体を譲り受けて、再び2nとなる。そして、胚が作られるのである。

ところが、胚乳は違う。

もともと胚乳は、母親の体から作られるものなので、減数分裂は行っていない。そのため、2nのままなのである。ここに精核がやってくるから、胚乳は染色体が三本ある3nとなってしまうのである。

染色体が三本あると、二本のときよりも、種子の栄養分となる胚乳をたくさん作ることができる。

植物が複雑な重複受精をするのは、種子のための胚乳を少しでも豊富に確保するための仕組みと考えられている。まったく、植物の体というのはすごいものである。

図5　酒米は心白が肝心

もう一つの白い米

もち米は、アミロペクチンがすきまを作るので、米の内部が白く濁って見える。

他にも、内部が白く濁るのが特徴的な米がある。それは酒米《さかまい》である。

酒米は、日本酒の原料となる米である。米は大きく、うるち米ともち米とに分けられると紹介した。酒米は、うるち米の一種である。うるち米の中から、酒造りに適した品種が、酒米とされているのである。

それでは、酒米とは、どのような特徴を持つ米なのだろうか。

酒米の特徴の一つが、中心部が白く濁っていることである。もち米は米全体が白いが、酒米は、米は透明だが、米の中に白い部分があるのである。この白い部分を「心白《しんぱく》」という。酒米ではこの心白が重要となる。また、大きな心白を持とうとすれば、米粒は大きい方がいい。そのため、酒米は普通の米よりも大粒という特徴もある（図5）。

それでは、心白の部分は、どうして白いのだろうか。

うるち米は、アミロースがすきまなく詰まることで、光が透過し透明に見える。ところが、心白の部分は、アミロースがしっかりと詰まっておらず、すきまがあるのである。このすきまが光を乱反射して、白く濁って見えるのである。

このようにアミロースにすきまができて白く濁るような米は、白未熟粒と呼ばれて一般的には嫌われる。ところが、酒米の場合には、反対にこの心白に値打ちがあると言われるのである。

どうして、酒米では心白が重要になるのであろうか。

日本酒を作る工程では、麹《こうじ》菌が米の中のデンプンを分解して、糖を作る。つまり、酒米は麹菌のエサなのである。アミロースがぎっしりと詰まった米よりも、すきまがある米の方が、水分を吸収しやすく、麹菌も菌糸を伸ばしやすい。そのため、わざわざ米の内部が白くなるようなものを選び出して、酒米の品種が育成されているのである。

日本酒の作り方

米はどのようにして日本酒になるのだろうか。

日本酒の作り方を見てみることにしよう。

アルコールは、糖分が発酵することによって作られる。つまり、お酒を作るためには、糖が必要なのである。

たとえば、ワインはブドウの果実の中の糖がアルコールになる。

ビールはどうだろう。

ビールは大麦を原料にして作られる。しかし、大麦は果物のブドウのように大量の糖を含んでいない。

大麦はイネ科の種子なので、炭水化物であるデンプンを含んでいる。種子は糖を含まないが、種子は芽を出すときに栄養分であるデンプンを分解して、エネルギー源となる糖を自ら作りだす。そのため、ビールを作るときには、まず大麦の種子の芽を出させるのである。こうして大麦の種子が芽を出し成長するために、デンプンを糖に変えた状態、これが麦芽（モルト）である。ビールは、糖を蓄えた麦芽を発酵させてアルコールにするのである。

それでは、日本酒はどうだろうか。

すでに紹介したように、日本酒は麴菌という菌の働きによって、デンプンから糖を作りだす。そして、次に酵母菌という菌の働きによって糖からアルコールを作りだしているのであ

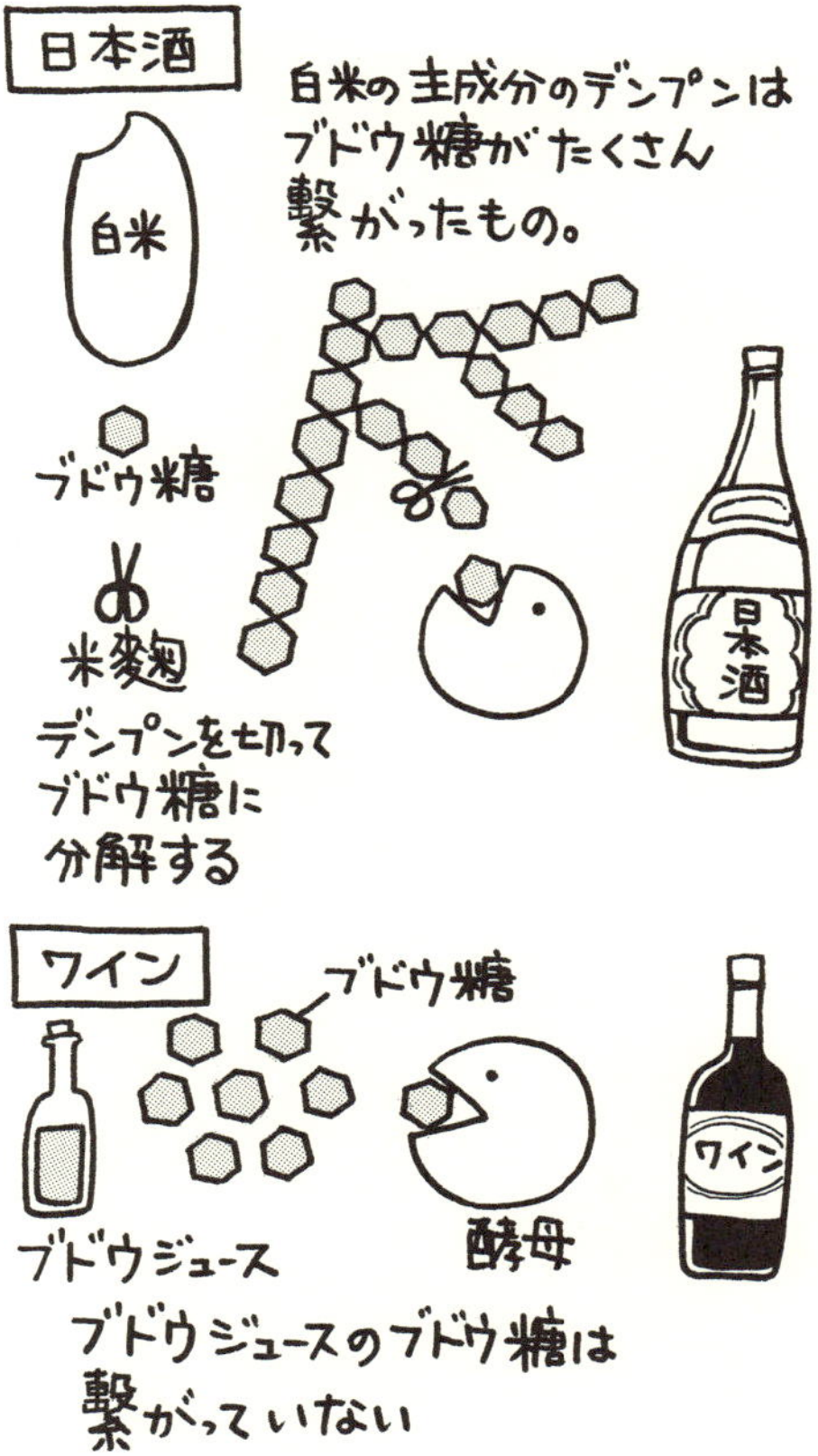

図6　日本酒とワインの醸造工程

る。

ワインやビールが、アルコール発酵のみによって作られるのに対して、日本酒は麴菌による「糖化」と酵母菌による「アルコール発酵」という二つの化学反応を同時に行う世界でも珍しい醸造方法で作られているのである（図6）。

さらに日本酒が姿を変える

米から作られるお酒には、米焼酎もある。それでは焼酎はどのようにして作るのだろうか。

焼酎は日本酒を蒸留したものである。蒸留とは、一度加熱して気化させた後に冷やして液化させることである。そういえば、昔、理科室には実験に使う蒸留水というものがあった。水を一度沸騰させると、水だけが気化して水蒸気になる。その水蒸気を冷やして水に戻すことで、不純物のない水を得ることができるのである。これが蒸留水である。

焼酎も同じである。アルコールと水とでは、アルコールの方が沸点が低いため、日本酒を加熱していくとアルコールの方が先に気化をする。そして、再び液化することで、元の日本酒よりもアルコールの度数が高い液体を得るのである。これが焼酎である。

ちなみに、大麦から作られたビールを蒸留するとウイスキーになる。蒸留酒のウイスキーはスコットランドやアイルランドのような寒い地域で製造される。これはアルコールの度数を高めることによって、凍りにくくするためである。

一方、高温多湿な日本では、雑菌が繁殖しやすい。そのため、日本酒は寒い地域で作られたり、気温の低い冬に作られる。そして、温暖な地域では雑菌を取り除くため、蒸留をする。焼酎が九州や沖縄などで盛んに作られるのは、そのためなのである。

もう一つ、日本酒に似た作り方をするものに、みりんがある。

みりんは、もち米に麹を混ぜて作られる。麹というのは、うるち米と麹菌を混ぜて作ったもので、いわば麹菌を繁殖させた麹菌の塊のようなものだ。みりんが、うるち米よりも高価なもち米を使うのには理由がある。

みりんは、米のデンプンを分解して糖化させて作る甘味調味料である。糖が作りだされると、雑菌が繁殖したり、自然界にいる酵母菌が勝手にアルコール発酵を始めてしまったりする。そのため、あらかじめアルコール度数の高い焼酎を加えて、雑菌の繁殖を抑えたり、酵母菌の働きを抑制するのだ。

しかし、アルコール度数が高いと、麹菌の働きも抑えられる。そのため、みりんを作るときには、黄麹菌《きこうじきん》という、一般の麹菌よりも能力が高い菌が用いられる。そして、麹菌がより菌糸を伸ばしやすいように、酒米よりもさらにすきまが大きいもち米が利用されるのである。

もっとも、このような昔ながらの本来の方法で作られるみりんは今では希少で、一般的には、みりん風味の味付けをしたものが調味料として売られている。

白米が白い理由

もち米や酒米の白さに比べれば、私たちが食べる米は透明であるが、色もついていないことから白く見えるとも言える。そのため、私たちが食べる米は白米と呼ばれている。

自然界では、白い生き物というのは珍しい。

白い米が白米ならば、白い鳥は白鳥という。

白鳥には、さまざまな伝説がある。たとえば、飢饉《ききん》のときに、白鳥が餅となって人々を飢えから救ったという話がある。また、長者が餅の上を歩いたり、餅を的にして矢を射ったりして餅を粗末にすると、餅が白鳥に姿を変えて飛び去り、長者の田んぼは米が実らなくなったという話も各地に伝えられている。

白鳥は米で作った餅にたとえられたのである。

生物の中には突然変異によって、まれに色素のない白い個体が生まれることがある。このような突然変異は「アルビノ」と呼ばれている。

白鳥は、このアルビノに由来し、雪の中で目立たない保護色として適応を遂げたものだと考えられているのだ。

このような白い突然変異は、自然界ではときどき出現する。そして、人々はこの白い突然変異の個体を神聖なものとしてきた。「白」は清浄を表す神聖な色だったのである。

そのため、白いカラスや白いキツネ、白いシカ、白いヘビなどのアルビノは、神の使いとして大切にされてきたのである。

そして、私たちが食べる米も色素を失ったアルビノであったと考えられている。

米の中には黒米や赤米と呼ばれるように、色のついた有色米と呼ばれるものがある。これらの有色米は古代米と呼ばれている。つまり、古代に栽培されていた米は色のある米だったと考えられている。

黒米や赤米の色素は、米を病害虫などから守るためのアントシアニンという物質であり、アントシアニンは人間にとっても健康に良い成分である。そのため、アントシアニンを持つ有色米の方が、色素を失ってしまった白米よりも、植物としては優れているし、栄養学的にも優れている。しかし、昔の人にとって、白い米は特別で神聖なものだったのだろう。そこで、人々は白い米を選び出して、アルビノを栽培するようになったのである。

赤飯への思い

しかし、日本人の赤い米に対する思いがなくなってしまったわけではない。

私たちは、お祝い事があると赤い米を食べる。「赤飯」である。赤飯は赤米を食べているわけではなく、小豆《あずき》で色をつけてご飯を赤くする。しかし、赤飯はもともと小豆を混ぜて作るのではなく、実際に赤い米を使って作られていたと考えられている。

古くから、赤い色が、魔除けの効果があるとされて、小豆は神聖な食べ物とされていた。そして、小正月の小豆粥《がゆ》、鏡開きのお汁粉、ひな祭りのぜんざいなど祝い事や厄除けなどに用いられてきたのである。

そして、赤米も特別な米として、神前に供えられたりしてきた。

ただ、赤米が持つさまざまな成分は雑味にもなるため、白米に比べて味が劣る。また、神前に供えるために栽培するだけであればいいが、赤米の種子が水に流れて他の田んぼに広がっていくと、雑草として問題になる。そのため、赤米は次第に作られなくなっていったのである。

とはいえ、魔力のある赤いご飯は、お祝い事や行事には食べたり、供えたりしなければならない。そのため、代わりに小豆が利用されるようになっていったのである。

皮が重要だ

ところで、不思議なことがある。

米は炊いて粒のまま食べる。

それでは、小麦はどのようにして食べるのだろう。小麦で食べるものを思い浮かべてみると、パン、うどん、パスタ、お好み焼きというように、すべて原料は小麦粉である。つまり、小麦は粒のままではなく、粉にして食べるのである。

どうして、米は粒で食べるのに対して、小麦は粉にして食べるのだろう。

米は、皮を簡単に剝くことができる。籾の殻をとれば、すぐに玄米を得ることができる。そのため、米は粒のまま食べることができるのである。

ところが、小麦は米のように簡単に皮を剝くことができない。そのため、一度、粉砕して粉にしてから、篩《ふるい》にかけて皮を取り除くしかないのだ。そのため、小麦は古くから粉にしてパンなどとして食べられてきたのである。

それでは、大麦はどうだろう。

大麦は小麦と同じように簡単に皮を剝くことができない。しかも皮が硬く、粉にすることも容易ではない。しかし、硬い皮も植物が芽を出すときには、自分から皮を破って芽が出てくる。そのため、大麦は芽を出させて麦芽として利用してきた。すでに紹介したように、こうした麦芽を使って作られてきたのがビールである。

ところが大麦は、皮が簡単に剝ける「はだか麦」という突然変異が古い時代に発見された。そのため、大麦は粒のまま食べることができたのである。現在でも、日本で麦ごはんや麦味噌《むぎみそ》として利用されるのは、皮が剝けて粒を取り出すことができるはだか麦である。

小麦が広く世界で食べられるようになるには、小麦を粉にするための技術が必要であった。古代エジプトでは、円弧状の動きで製粉を行うレバーミルが用いられていた。そして回転式の石臼《いしうす》が発明されたのは、起源前五〇〇年頃のギリシア文明であると言われている。

そのため、それ以前ははだか麦が主に穀物として食べられていたのである。

それに比べれば、イネは手軽に食べることができる便利な穀物だったのである。

第二章　イネという植物

第一話　イネとはどんな植物だろう

私たちが食べる米は、イネの種子《たね》である。

秋の田んぼに実る稲穂を見たことがあるだろうか。

秋は実りの季節である。秋になれば、田んぼは黄金色をした稲穂の風景になる。この稲穂を収穫して、私たちの米が作られているのだ。

稲穂と言えば、「実るほど頭《こうべ》を垂れる稲穂かな」という言葉がある。私の好きな言葉だ。

秋になって、実れば実るほど、稲穂は低く、垂れ下がっていく。稲穂と同じように、人間も実力をつけて偉い人ほど、謙虚で低姿勢でなければならないということを教える諺《ことわざ》である。

本当にこの諺のようでありたいと思う。

実りの秋に、稲穂が垂れ下がっている風景は日本の風物詩だろう。

しかし……よくよく見ると、このイネの姿は、植物としては、ずいぶんと奇妙である。

皆さんには、この奇妙さがわかるだろうか。

何しろ、植物は種子を地面の上に落とさなければ、子孫を残すことができない。それなのにイネは、重そうな稲穂を垂れ下がらせて、それでもなお、種子を落とそうとしないのである。

何という変わった特徴を持つ植物なのだろう。

イネというのはじつに奇妙な植物である。

イネとはいったい、どんな植物なのだろうか？

イネの仲間の植物

イネの話をする前に、まず「イネ科」と呼ばれる植物の話をしよう。

「科」というのは、生物を分類するときの階級の一つである。英語では「ファミリー」と言う。ファミリーと言っても血のつながった家族という意味ではなく、仲間という意味合いだ。たとえば、ライオンやトラは「ネコ科」というファミリーに分類されていて、オオカミやキツネは「イヌ科」というファミリーに分類されている。

イネ科と呼ばれる植物は、一般に私たちがイメージする草むらや草原に生える「草」のことである。たとえば、イネ科のススキやエノコログサを連想してみると、きれいな花が咲くわけではないし、大きな葉っぱをつけるわけでもない。子どもたちが草むらを描《か》くときに、緑のクレヨンでギザギザを描いていく。これがイネ科の植物である。

イネ科と呼ばれる植物は、世界に約一万二〇〇〇種あるとされている。これは、ラン科、キク科、マメ科に次いで種類が多い。

イネ科の植物は、刈っても刈っても伸びてくるという特徴がある。たとえば、芝生に生えているシバと呼ばれる植物はイネ科の植物である。また、牧場で牛や馬が食べている牧草もイネ科の植物である。

また、イネ科の植物は、人間にとっては主要な穀物となっている。イネの他にも、コムギやオオムギなどの麦の仲間や、トウモロコシなどはイネ科の植物である。イネ科は人類の食糧を支える植物でもあるのである。

こうして自然界に多くの種を分布させているだけでなく、栽培植物としても世界各地で栽培されている。植物の進化の歴史の中で、イネ科は、大成功を遂げているのである。

イネ科の誕生

イネ科は、もっとも進化したグループの一つであると言われている。

イネ科植物の祖先はユリ科植物であり、ユリ科からツユクサ科植物を経て、進化を果たしたと考えられている。

イネ科植物が繁栄をし始めたのは、およそ三四〇〇万年前、新生代第三紀の中期のことである。

イネ科植物の誕生のドラマが映画化されるとすれば、おそらく、こんな感じのナレーションで始まることだろう。

宇宙暦XXX年
地球は、寒冷化と乾燥化が進み、
豊かな森は次第に縮小していった。
そして、跡には乾燥し荒れ果てた大地が広がり、
生物の生存を脅かしていった……

こんな危機的状況で進化を遂げたのがイネ科の植物である。

そして、荒涼な大地は、イネ科の植物が生える草原となっていくのである。

ウルトラマンシリーズに登場する「ジャミラ」という怪獣がいる。ジャミラは、もともとは、地球人の宇宙飛行士であったが、水のない惑星に不時着して、環境に適応した結果、変わり果てた怪物のような姿になってしまったのである。

イネ科植物もまた、過酷な環境の中で変化を遂げていった。イネ科植物は、いったいどの

ような変化を遂げて生き抜いたのだろうか。

花びらを捨てたイネ科植物

イネ科植物の特徴の一つは、花粉を風で運ぶ「風媒花」ということである。植物は、もともと風で花粉を運んでいた。たとえば、古い植物である裸子植物のマツやスギ、ヒノキなどは風媒花である。これらの裸子植物が花粉症の原因植物として知られているのは、風で花粉をばらまくからである。

しかし、風まかせに花粉を運ぶという方法は、同じ仲間の花に花粉がたどりつく確率は高くない。そのため、大量の花粉をばらまかなければならないのだ。風媒花は極めて効率が悪いのである。

そこで、裸子植物から被子植物へと進化を遂げたものは、昆虫が花粉を運ぶ「虫媒花」に進化する。花から花へと飛び回る昆虫に花粉をつければ、効率良く花粉を運んでもらうことができるからである。虫媒花になることによって、生産する花粉の量は少なくて済むようになった。そして、その代わりに植物の花は、目立たせて昆虫を呼び寄せるために、美しい花びらを持つようになるのである。

ところが、である。

そもそもイネ科植物が置かれた過酷な環境には、花粉を運んでくれる昆虫も少ない。その代わりに、荒涼な大地を風が吹き抜けていく。そこで、イネ科植物は虫媒花から、再び、風媒花に進化をし直しているのである。

そして、イネ科植物は昆虫を呼び寄せるための、美しい花びらも捨てた。

イネ科植物の花は目立たない。ただ、雄しべや雌しべを外に出して、風に乗せて花粉を運ぶだけである。イネ科植物は、裸子植物のヒノキやスギと同じように花粉症の原因としても問題になるが、これは風媒花に再び、進化したからなのである。

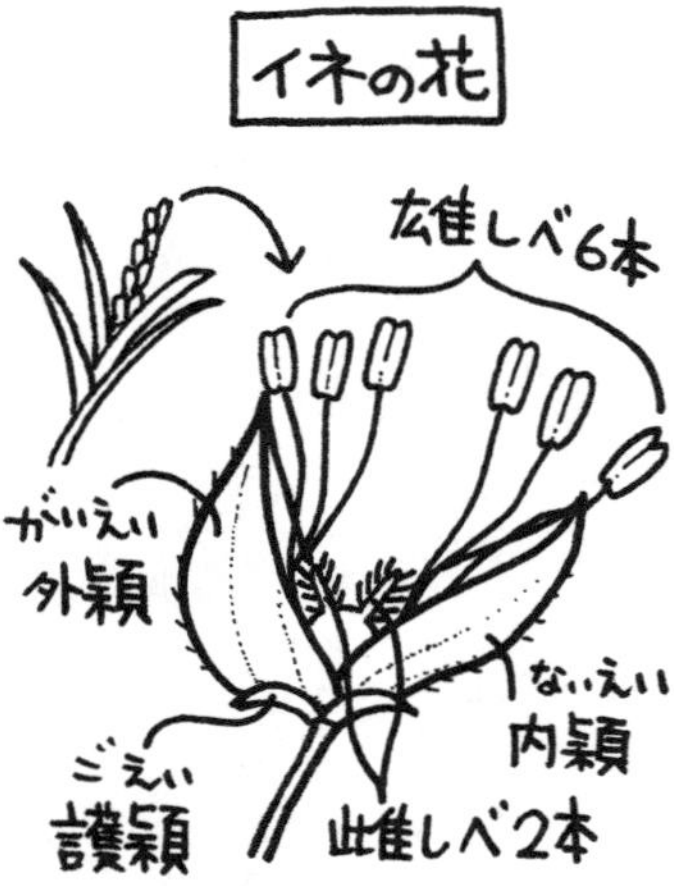

図7　イネの花の構造

イネの花の構造

前述のとおり、イネにも花は咲く。夏休みの朝に、田んぼを見るとイネの花を見ることができるだろう。

もっとも、イネ科の植物なので美しい花を咲かせるわけではない。イネの穂が出穂すると、緑色の籾《もみ》のようなものがついている。この緑色の籾がイネの花のつぼみである。籾は二枚の穎《えい》と呼ばれる皮で閉ざされていて、この穎が開いて、中から雄しべが現れる。これがイネの花である（図7）。もっとも、イネは自殖性の植物なので、花粉をたくさん飛ばすようなことはしない。花が咲く前には、自分の花粉を自分の雌しべにつけて自家受粉してしまう。

しかし、田んぼのまわりに生えている他のイネ科の雑草と比べると、イネの花は少し違うところがある。

イネ科植物の穂の一粒一粒を小花と言う。イネ科の雑草の小花を見ると、着物の十二単《じゅうにひとえ》のように、服を重ね着したようになっている。この重なっているように見えるところに種子ができる。そのため、一つの小花から、複数の種子ができるのである。

ところが、イネは一つの花から一粒の米しかできない。これはどういうことなのだろう。

イネ科植物は、昔はグラジオラスのように一つの茎にたくさんの花がついていたと考えられている。そして、花の付け根には、苞葉《ほうよう》と呼ばれる花を守る葉がついていた。イネ科植物は、花びらをなくして花をシンプルな構造に変えていった。そして、苞葉の部分だけで一つの小花を作るようになったと考えられている。

図8　1つの花は3つの花からできている

　ところが、イネの花はさらにシンプルな構造になっている。下から一番目の苞葉と花、二番目の苞葉と花を残して、雄しべだけにしてしまった。この残った二つの苞葉が、イネの花の「穎」である。

そして、さらに下から三番目の花の苞葉を退化させて、花だけを残したのである。このため、イネの花には雌しべが一つしかないことになる。つまり、イネの花には米粒となる種子が一つだけできるのである。

このように、たくさんあった花をすべて退化させて、さらに三つの花を統合させて一つの花を作り上げたのである（図8）。

どうして、このような進化をしたのか、その理由は明らかではない。しかし、花の数を減らすことによって、より大きな種子を作ることができる。イネの祖先は、たくさんの種子を作ることよりも、少数の大きい種子を作ることを選択したのだ。そして、この大きい種子が、私たちが食べる米になっていくのである。

姿を変えたイネ科植物の工夫

イネ科植物にとって、草原はさらに過酷な環境であった。

その要因が、強大な敵の出現である。

豊かな森と異なり、植物の少ない草原では、動物たちもまた生きていくために必死である。

動物たちは懸命に食べ物を探しまわり、競い合って食べあさる。

動物も大変だが、エサとなる植物にとっても、これは大変なことである。

植物が生い茂る森の中であれば、動物に食べられる危険は少ないが、植物の少ない草原では、植物は隠れることもできず、食べられ放題となってしまうのである。

そこで、イネ科植物は動物たちから身を守ることを考えた。

食害を防ぐのであれば、トゲを作ったり、毒を生産したりすれば効果的かも知れない。しかし、イネ科植物が進化をした草原は、過酷な環境である。トゲや毒を用意するにも、それなりのコストを必要とするから、余裕がなければできない方法なのだ。

そこで、イネ科植物は体を硬くすることを考えた。

体を硬くしようとすれば、一般の植物はカルシウムを利用する。しかし、やせ地に育つイネ科植物にとってカルシウムは手軽に手に入る物質ではない。カルシウムで体全体を覆うなど、イネ科植物にとっては、ぜいたくな話なのだ。

そこで、イネ科植物が利用したのがケイ素である。

ケイ素は地表にある物質としては、酸素に次いで多いありふれた物質である。ただし、一般の植物は、利用することができない物質だ。

ところがイネ科植物は、まず茎や葉をケイ素で固く守り、動物に食べられにくくした。ケイ素はガラスの原料にもなるほどの硬い物質である。イネ科植物はケイ素を利用することによって、ガラスのような頑丈な体を手に入れたのである。

しかし、固いだけでは歯を発達させた動物に食べられてしまう。

そこで、イネ科植物の用意した工夫が、葉の栄養価を低くして、エサとして魅力のないものにするという方法である。イネ科植物は、栄養価の少ない厳しい環境を逆手に取って、さらに栄養の少ない葉を作り出すことで身を守ろうとしたのである。

大切な部分を守る

イネ科植物の工夫はこれに留《とど》まらない。

イネ科植物は、さらに革命的な進化を遂げた。それが、成長点の位置である。

植物は、成長点で細胞分裂をしながら大きくなっていく。

植物の成長点は、茎の先端にあるのが普通である。こうして古い茎の上に、新しい細胞を積み上げながら、茎や葉を伸ばして上へ上へと伸びていくのである。

ただし、この方法では、茎の先端を食べられると大切な成長点を失ってしまうことになる。

そこでイネ科の植物は、成長点を低い位置に配置する適応を遂げた。イネ科植物の成長点があるのは、地面との際《きわ》である。

しかし、成長点が茎の先端であることに変わりはない。そのため、イネ科植物は、茎を伸ばすことなく、株元に成長点を保ちながら、そこから上へ上へと葉を押し上げていくのである。これならば、いくら食べられても、葉っぱの先端を食べられるだけで、成長点が傷つくことはない。

もっとも、成長途中のイネ科植物を見ると、地面の際から葉を出しているだけではなく、茎のようなものが伸びていて、葉が出ているように見える。

じつはこれは茎ではない。「偽茎」と呼ばれる偽物なのだ。偽茎は、植物学的には「葉《よう》鞘《しょう》」と呼ばれている。

さらに工夫はある。草食動物にとって、光合成をした栄養分を持つ葉は、魅力的なエサである。そこで、イネ科植物は葉の栄養分を少なくして、エサとして魅力のないものにした。それでは、葉で生産した栄養分は、いったいどこに行ってしまったのだろう。

ダイコンやサツマイモのように地面の下に貯蔵器官があれば、そこに栄養分を蓄積することができるが、スピーディでシンプルな成長を行うイネ科植物には、都合の良い備蓄の器官

図9　栄養分を隠し持っている

はない。

じつは、イネ科植物は葉の一部である葉鞘に、栄養分を隠し持っている。まさか茎のような部分が、じつは葉の一部で、そこに栄養分が隠されているとは思わないから、草食動物は懸命に葉を食べる。もちろん、葉鞘も食べられてしまうかも知れないが、葉鞘は固く守られていて、栄養があるようには思えない。こうして、イネ科植物は栄養分を守ろうとしているのである（図9）。

ある工夫された工作

新聞紙を用意してみよう。新聞紙の一部分は地面や机の上に接地させる条件で、新聞の高さをできるだけ高くするように工夫してほしい。どうすれば、良いだろうか？

新聞は縦よりも、横の幅の方が長いから、新聞を横にして置いてみる。しかし、これでは上から吊《つ》らないと、支えることができない。新聞の下の方を持って支えながら、高さを稼ぐことはできないだろうか？

少し頭のやわらかい人であれば、新聞を筒にするということを思いつくかも知れない。新聞を筒状に丸めれば、安定して支えることができる。新聞の下の方を地面や机の上に接地しながら、高くすることが可能である。

じつは、イネ科植物も同じアイデアにたどりついた。

食べられては困るから、茎は伸ばさない。しかし、光合成をするためには、高い位置に葉があった方が良い。そこで、イネ科植物は葉を筒のように丸めたのである。これが茎のように見えた「偽茎」、つまり葉鞘の正体なのである。

しかし、筒のようにしていただけでは、光合成をすることができないから、葉を広げることも必要である。そこで、イネ科植物は筒のようになっている葉鞘という部分と、普通の葉のように広げている葉身という部分をつなげて一枚の葉にしているのである。

紙工作で、筒状に丸めた紙と、ヒラヒラとした紙をつなげようとすれば、テープで貼ったり、厚紙で補強したりするだろう。

イネ科植物の種類によって異なるが、イネ科の植物も葉身の付け根を見ると、膜状のものがあったり、突起があったりする場合がある。これは葉舌《ようぜつ》や葉耳《ようじ》と呼ばれていて、ジョイント部分を補強するためのものである。

そしてイネ科は株になる

茎を伸ばさずに、葉を上へと押し上げるイネ科植物の成長は、草食動物から身を守るのに効果的である。

ただし、このスタイルには欠点もある。

上へ上へと細胞を積み上げながら伸びていく方法であれば、枝を増やしたり、葉を増やしたりして、複雑な形を作り上げることができる。

しかし、葉を下から上へと押し上げていく方法では、後から枝を増やしたり、葉の数を増やしたりして、複雑な形を作ることができないのだ。

そこで、イネ科植物は株元で枝分かれをしながら、葉を押し上げる成長点の数を増やしていく方法を選択した。これが「分げつ」と呼ばれるものである。

分げつは、一般的な植物の枝分かれと同じ仕組みであるが、地面の際で枝分かれするために、株がだんだんと大きくなりながら、地面の上に伸びる葉の数を多くしているように見え

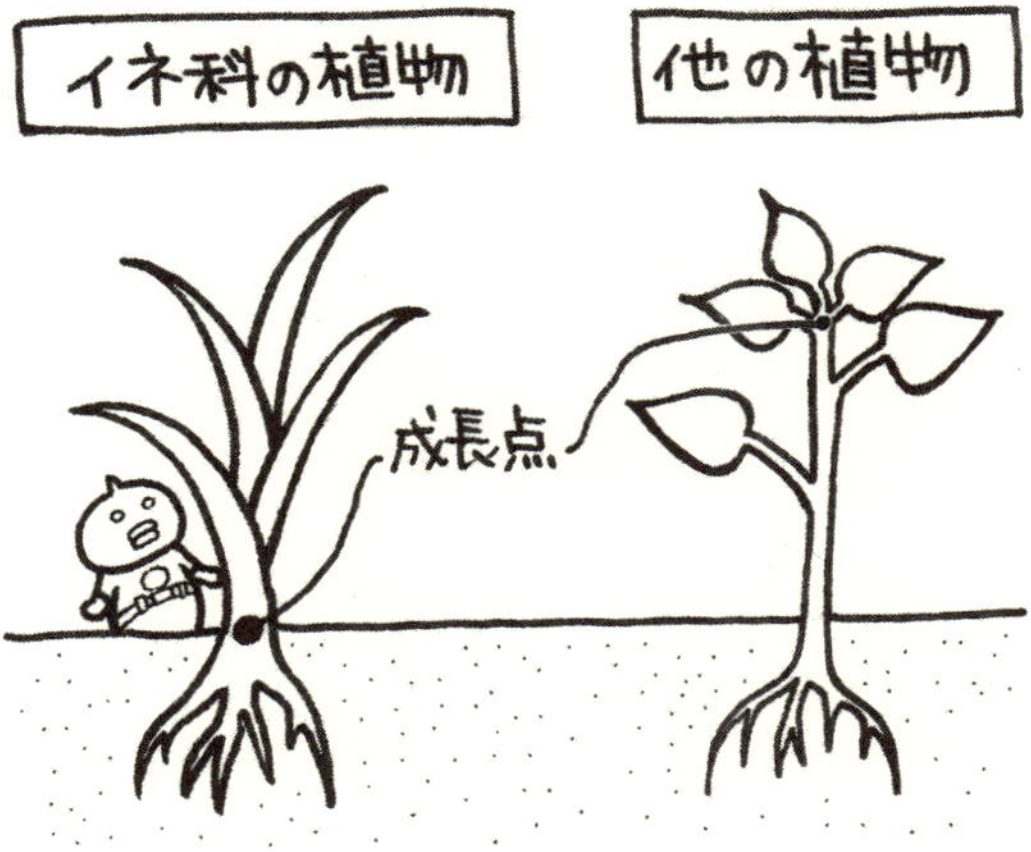

図10　成長点の戦略

る。これが、草むらを形成するイネ科植物の株なのである（図10）。

素早く成し遂げる

茎を伸ばさずに、地面の際でじっと成長を遂げるイネ科植物。

しかし、そんなイネ科植物もついに茎を伸ばさなければならないときがある。それが花を咲かせるときである。

地面の際に咲いている野の花もあるのだから、無理に茎を伸ばさなくても良いような気もする。しかし、思い出してほしい。イネ科植物は風で花粉を運ぶ風媒花であった。風に乗せて花粉を運ぼうとすれば、やはり茎を伸ばさなければならないのだ。

しかし、ふつうの植物のように、茎を伸ばして花芽をつけて、蕾《つぼみ》を膨らませるといった悠長なことは言っていられない。何しろ、食べられたくないから茎を伸ばさずにいるのに、花を咲かせるために茎を伸ばして、大切な花を食べられてしまったのでは何にもならないのだ。

そのため、イネ科植物は花を咲かせる直前まで茎を伸ばさずに準備を進めて、一気に茎を伸ばすのである。とはいえ、どのようにすれば、一気に茎を伸ばすことができるのだろうか。

イネ科植物は伸ばさない茎の先端に、小さな穂の元を分化させる。これが幼穂《ようすい》と呼ばれるものである。

ふつうの植物は茎の先端に成長点があって、細胞分裂を繰り返しながら茎を伸ばしていく。しかし、イネ科植物は、茎の先端の成長点に穂をつけてしまったので、もう新たに細胞を積み上げることはできない。イネ科植物は、どのようにして茎を伸ばすのだろうか。

鮮やかな節間伸長

じつはイネ科の植物には節がある。この節と節の間に、細胞分裂をして増やした細胞を凝縮させているのである。そして、この凝縮させた細胞を伸長させることによって茎を伸ばしていくのである。

ふだんはペンと同じ大きさでポケットに収まっているが、ポイントを指すときに伸ばすことができる伸縮式の指示棒がある。ちょうど、この指示棒を伸ばすようにイネ科植物は茎を伸ばすのである。

幼穂をつけると、イネ科植物は茎を伸ばすが、外部に露出させることはない。イネ科植物の葉鞘は葉が筒状になったものでできているので、中に空間がある。この空間の中に幼穂を隠して準備を進めるのである。

ここからは、スピードが勝負だ。

花が咲く準備が整うと、イネ科植物は一気に節と節の間の細胞を伸長させて、茎を外に飛び出させる。何という鮮やかな所作だろう。そして、速やかに花を咲かせて、速やかに種子を生産し、速やかに種子をばらまくのである。

草食動物の生き残り戦略

乾燥した環境は、植物にとって過酷である。イネ科植物はそんな過酷な環境で、草食動物からの食害を逃れるために進化を遂げた。そして、硬くて栄養のない葉を、発達させたのである。

草原に生えているのは、ほとんどが草原に適応したイネ科植物である。イネ科植物は硬くて消化しづらく、消化しても栄養が少ない。しかし、このイネ科植物を何とか食べなければ、草食動物たちもまた生き残ることはできないのだ。

そのため、草食動物たちもまた、イネ科植物をエサにできるように進化を遂げている。

たとえば、ウシの仲間は胃が四つあることが知られている。

四つの胃のうち、人間の胃と同じような消化吸収の働きをしているのは、四つ目の胃だけである。

一番目の胃は、容積が大きく、食べた草を貯蔵できるようになっている。そして、微生物の働きで、草を分解して栄養分を作りだすようになっている。まるで大豆を発酵させて味噌《みそ》や納豆を作ったり、米を発酵させて日本酒を作りだすように、ウシは胃の中で栄養価の高い発酵食品を作り出しているのである。

また二番目の胃は、食べ物を食道に押し返す働きをしている。ウシは、胃の中の消化物を、もう一度、口の中に戻して咀嚼《そしゃく》する「反芻《はんすう》」という行動をする。ウシは、エサを食べた後、寝そべって口をもぐもぐとさせているが、これが反芻である。こうして食べ物を何度も何度も胃と口の間で行き来させながら、イネ科植物を消化していくのである。三つ目の胃は、食べ物の量を調整していると考えられており、一番目の胃や二番目の胃に食べ物を戻したり、四番目の胃に食べ物を送ったりする。そして、四番目の胃でやっと胃液を出して、食べ物を消化するのである。

このようにウシは、栄養のないイネ科植物を微生物のエサにして、そして、その微生物を栄養源として生きているのである。

草食動物の進化

ウシだけでなく、ヤギやヒツジ、シカ、キリンなどの草食動物も複数の胃を持ち、反芻によって植物を消化している。

一方、ウマは、胃を一つしか持たない。しかし、盲腸を発達させていて、長い盲腸の中で、微生物が植物の繊維分を分解するようになっている。こうして、自ら栄養分を作りだしているのである。また、ウサギもウマと同じように、盲腸を発達させている。

イネ科植物を消化吸収するために、草食動物は、さまざまな工夫を発達させているのだ。

それにしても、過酷な環境を生き延び、栄養のほとんどないイネ科植物だけを食べているにしては、ウシやウマなどの草食動物は体が大きい。

これはどうしてなのだろうか。

じつは、イネ科植物を消化するためには、四つの胃や長く発達した盲腸のような特別な内臓を持たなくてはならない。さらに、栄養の少ないイネ科植物から栄養を得るためには、大量のイネ科植物を食べなければならない。この発達した内臓器官を持つためには、容積の大きな体が必要となるのである。

イネ科植物が進化を遂げたように、草食動物もまた進化を遂げていく。草食動物が進化をすれば、食害から身を守るためにイネ科植物も進化を遂げていく。そして、イネ科植物が進化を遂げれば、それをエサにする草食動物もまた、進化する。こうして、イネ科植物と、草食動物とは、競い合いながら、共に進化を遂げてきたのである。

魅力的なイネ科植物の種子

しかし、不思議なことがある。

イネ科植物は、エサとして魅力がないような進化を遂げている。

それなのに、イネやコムギ、トウモロコシなど、現代の私たちにとって主要な穀物はすべてイネ科の植物である。これはどうしてなのだろうか。

じつは、イネ科の植物は、葉には栄養がないが、次の世代である大切な種子には栄養分を蓄える。そのため、種子は魅力的な食べ物となるのである。

しかも、イネ科植物の種子は、主に炭水化物を蓄積しているという特徴がある。炭水化物は、動物が行動をするエネルギーとなる物質である。

もちろん、炭水化物は、植物にとってもエネルギー源となる。種子中に含まれる炭水化物は、種子が発芽をするためのエネルギーを生み出す栄養分なのだ。

植物の種子の中には、炭水化物以外にも、たんぱく質や脂質を栄養源として持つものがある。たんぱく質は、植物の体を作るための栄養分である。また、脂質は炭水化物と同じように発芽のためのエネルギーであるが、炭水化物に比べると莫大《ばくだい》なエネルギーを生み出すという特徴がある。

ところが、多くのイネ科植物の種子は、たんぱく質や脂質が少なく、ほとんどが炭水化物なのである。それはなぜだろう。

たんぱく質は植物の体を作る基本的な物質だから、種子だけではなく、親の植物にとっても重要な栄養分である。また、脂質はエネルギー量が大きい代わりに、脂質を作り出すときにはエネルギーを必要とする。つまり、たんぱく質や脂質を種子に持たせるためには、親の植物に余裕がないとダメなのだ。

厳しい草原に生きるイネ科植物にそんな余裕はない。そのため、光合成をすればすぐに得ることができる炭水化物をそのまま種子に蓄え、芽生えは炭水化物をそのままエネルギー源として成長するというシンプルなスタイルを作り上げたのである。

こうして、イネ科植物は種子に炭水化物を蓄えるようになったのである。

イネ科の種子が人類を救った

イネ科植物の種子が、そんなに栄養があるのであれば、動物は種子をエサにすれば良いと思うかも知れない。もちろん、種子はエサとして魅力的だから、小鳥のように穂をついばむものもいる。しかし、イネ科の植物は、節間伸長によって一気に茎を伸ばし、一気に花を咲かせて、種子をつける。そして、あっという間にバラバラと種子を落としてしまうのである。そのため、種子をエサとして利用できるチャンスは、極めて短いのである。

先述のように、草食動物は苦労を重ねてイネ科植物をエサとしてきた。草食動物がイネ科の種子をエサにしなかったのは、熟した種子は極めて刹那《せつな》的な存在で、常食することができなかったからなのである。

それは、人類にとっても同じであった。

人類もまた、草原で進化を遂げたとされている。

硬くて栄養価の低いイネ科植物は、人類にとっても食糧にすることのできない役に立たない植物であった。人類は道具を使い、火を熾《おこ》すこともできるようになったが、イネ科植物の葉は硬くて、煮ても焼いても食べることができないのだ。

さらに、栄養豊富なイネ科植物の種子も人類にとっては、食糧とはならなかった。イネ科植物の種子は小さいし、地面にばらまかれてしまえば、種子を拾い集めることは簡単ではないのだ。

ところが、である。

あるとき、事件が起きた。

コムギの祖先種と呼ばれるのが、「ヒトツブコムギ」という野生植物である。野生の植物は、種子を散布するために穂から種子を落とす。この種子が落ちる性質を「脱粒性《だつりゅうせい》」と言う。

熟した種子が落ちるのは、当たり前のことではない。花が咲いてから種子が形成されるまでは、親の植物から種子に栄養分が送り届けられる。そして、種子が熟すと親植物と種子との間に「離層」という層が作りだされる。この離層によって種子が親植物から離脱するのだ。

種子は落ちるのではなく、散布されるのである。

ところが稀《まれ》に、この離層が形成されずに、種子が落ちない「非脱粒性」という突然変異が起こることがある。

種子が熟しても地面に落ちないと、自然界では子孫を残すことができない。そのため、「非脱粒性」という性質は、植物にとって致命的な欠陥である。

しかし、人類にとって、「非脱粒性」という性質は、とても価値のあるものである。何しろ、種子が落ちずにそのまま残っていれば、収穫して食糧にすることができる。

もしかすると、その非脱粒性突然変異の種子を播《ま》いて育てれば、もしかすると、種子の落ちない性質のムギを増やしていくことができるかも知れないのだ。

そしてあるとき、私たちの祖先は、この突然変異の株を見出したのである。

いつ、誰がその株を見つけたのか、今となってはわからない。しかし、それは、人類にとって歴史的な大事件となったのである。

そして人は人となった

種子の落ちない非脱粒性の突然変異の発見。これこそが、人類の農業の始まりである。これは人類の歴史にとって、革命的な出来事だったと言っていいだろう。

農耕の始まりは、コムギから始まるとされているが、同じ頃、アジアでは、イネでも同じように非脱粒性の株が見出された。現在私たちが目にする、重そうに穂が垂れ下がりながらも種子を落とさないイネは、この突然変異株の子孫である。

こうして人類は、非脱粒性の株を見つけることによって、イネ科植物の種子を食糧とすることが可能になった。

イネ科植物の種子は、単に食糧となるだけではない。食べずに一年間、保存をしておけば、種子は翌年、播くことができる。こうして、農業が始まるのである。

この保存できる種子は、人類にあるものをもたらした。

それが蓄積することのできる「富」である。

人間の胃袋は大きさが決まっているから、一人が食べられる量には限度がある。大食漢の人も小食の人もいるだろうが、人間一人が食べる量に、そんなに差があるわけではない。どんなに欲深い人も、お腹いっぱいになれば、それ以上食べることができないから、大きな獲物を手に入れたとしても、とても食べ切れるものではない。欲張って独り占めしようとしても、腐らせてしまうだけである。そこで、人々は、たくさん獲《と》れたときには、他人に分け与え、他人がたくさん獲ったときには、分けてもらった。

人々は平等だったのである。

しかし、植物の種子は違う。

植物の種子は、生育するのに良い条件になるまで、植物がチャンスを待つためのタイムカプセルのようなものだ。そのため、種子はすぐには腐らない。ずっと眠りつづけたまま、腐ることなく生き続ける。それが種子である。

この種子の特徴は、人間にとっても都合が良い。植物の種子は、そのときに食べなくても、将来の食糧を約束してくれるものである。そして、保存できるから、たくさん持っていても困るものではない。つまり、イネ科植物の種子は単なる食料に留まらず、財産になったのである。

やがて人々は、イネ科植物を栽培して、種子を増やすようになった。農業の始まりである。種子を多く持つ者は富を得て、強大な力を持つようになる。胃袋が食べる量には限界があるが、農業によって得られる富には歯止めがない。

農業をすればするほど、人々は富を得て、富を得れば得るほど、さらに富を求めて、農業を行っていった。

こうして、人類は富や権力を追い求める存在となっていくのである。

農業の生まれる場所

農業の起源に思いを馳《は》せてみよう。

農業はどのような場所で発展を遂げるのだろうか。

自然が豊かな場所で発展するのだろうか、それとも自然の貧しいところで発展するのだろうか。

恵まれた場所の方が、農業は発達しやすいと思うかも知れない。しかし、実際にはそうではない。自然が豊かな場所では、農業が発達しなくても、十分に生きていくことができる。たとえば、森の果実や海の魚が豊富な南の島であれば、厳しい労働をしなくても食べていくことができるだろう。

こんな笑い話がある。

南の島で人々はのんびりと暮らしている。外国からやってきたビジネスマンが、それを見て、どうしてもっと魚を獲って稼がないのかと尋ねる。そんなに稼いでどうするんだと問う住民に、ビジネスマンはこう答える。「南の島で、のんびり暮らすよ」。それを聞いた島の人々はこう言うのだ。「それなら、もうとっくにやっている」

農業というのは、重労働である。農業をしなくても狩猟採取の生活で暮らせるのであれば、その方が良いに決まっている。そのため、自然が豊かな場所では、農業は発展しにくいのだ。

しかし、自然の貧しいところでは違う。

農業は重労働ではあるが、農業を行うことで、食べ物のない場所に食べ物を作ることができる。食べ物が得られるのであれば、労働は苦ではない。農業を行うメリットは、自然の貧しいところでは劇的に増大するのだ。

農業のはじまり

農耕が始まったメソポタミアは、現在では中東地域にあたる。農業の起源は、チグリス・ユーフラテス川周辺の「肥沃《ひよく》な三日月地帯」と言われる。しかしこの一帯は乾燥した砂漠地帯である。肥沃な三日月地帯というのは、砂漠地帯の中では肥沃な場所であるということである。二万年前から一万年前頃になると、地球の気候が変化し、乾燥化や寒冷化が進むと、各地に分散していた人々は、生活環境の良い場所を求めて川の周りに集まってきた。その一つが比較的肥沃な三日月地帯だったのである。

人類の農耕のはじまりには、ある事件が関係していると言われている。それが、北米大陸で起こった大洪水である。

一万五〇〇〇年前頃になると、氷河期が終わり、気温は次第に温暖化していった。

そして、人々は豊かな狩猟生活を行うことができるようになったのである。食糧を簡単に得ることができるから、移住を繰り返しながら、食糧を探し回る必要はない。人々は定住生活を始め、安定した狩猟生活の中で人口が増加していったのである。

気温の上昇によって、氷河は溶け出し、北米大陸では巨大な湖が誕生した。

ところがさらに気温が上昇すると湖をせき止めていた氷河もついに溶けて決壊をしてしまう。そして、大量の水が流れ出して、大洪水を引き起こすのである。

氷河から流れ出た大量の冷たい水は海に流れ込み、温かな海水を覆ってしまった。その結果として、地球全体の気温が再び寒冷化してしまったのである。

この事件は「ヤンガー・ドライアス・イベント」と呼ばれている。

そして、豊かな狩猟生活を送っていた人々は、再び食糧不足に悩まされるのである。しかも、氷河期さながらの環境で狩猟生活を行うにはすでに人口が増えすぎていた。もはや、昔に戻ることはできない。人々は増加した人口を飢餓から救う新たな方法を見出さなければならなかったのである。

寒冷化する大地で人類は何とかして食糧を得なければならない。しかし、人間は草原に広がるイネ科植物を食べることができない。

農業の発祥の地であるメソポタミアで、最初に発達したのは家畜を飼養する牧畜であった。イネ科植物は食糧にならないが、草食動物に食べさせれば、肉や乳製品を得ることができる。狩りの対象であったウシやヤギなどの草食動物を、飼うことができれば、いつでも食糧を手に入れることができる。こうして始まったのが畜産である。

やがて、人類はイネ科植物の非脱粒性突然変異の株を発見する。そして、イネ科植物の種子を食糧とすることに成功するのである。

砂漠に食べ物はほとんどないが、水を引き、作物を育てれば、食糧を得ることができる。そのためには、厳しい労働もいとわない。

このようにして、農業は止むに止まれず始まった。

一方、近年まで狩猟採取の生活をしてきたような未開の地は、熱帯のジャングルや南の島に多い。自然が豊かで、森の果実や海の魚が豊富にとれるのであれば、何も農業などしなくても生きていくことができるのである。

「糖」の魅力

イネ科植物が人類にもたらしたものは、安定した食糧だけではなかった。

イネ科植物の種子は炭水化物を持つ。この炭水化物は、咀嚼《そしゃく》すれば唾液の中の酵素の働きで糖となるのだ。

糖は生きる上でエネルギー源であるが、中毒性のある物質でもある。

実のところ、果物を除けば自然界で甘味のあるものは少ない。そのため、人類は甘味に対して敏感に反応する味覚受容体を身につけた。そして、高濃度の糖分に対しては過剰な反応をするのである。「糖」は、人間にとっては、魅惑の甘味であり、甘味は人に陶酔感と幸福感をもたらす。

こうして、咀嚼すれば糖となる炭水化物が、人類を虜《とりこ》にしていった部分もあるのだろう。

農業は、安定して食糧を得る手段であるが、重労働を必要とする。人類は、安定した食糧を手に入れた代わりに、労働しなければならなくなってしまった。

しかし、もしかすると人類は「糖」という魅惑を求めて、農業という重労働を行うみちを選んでしまったのかも知れない。

こうなるともう、後戻りはできない。

農業は過酷な労力を必要とするが、一度、農業を知ってしまった人類に、農業をやめてのんびり暮らすという選択肢はない。もはや誰も止めることができないのだ。

こうして、農業の魔力によって人類は人口を増やし、権力が集まる村を作り出していったのである。

イネの祖先

メソポタミアで麦の栽培が行われるのに続いて、地中海のエジプトや、インダス川流域でも麦類を中心とした穀物の栽培が始まっていった。


それではイネはどうなのだろう。

イネ科植物は乾燥した草原で発達を遂げたと考えられている。

しかし、イネは水を張った田んぼで生育する植物である。それではイネの祖先は、どのような場所で生まれたのだろうか。

イネ科植物は、世界で一万二〇〇〇種類が知られている。乾燥地帯で生まれたイネ科植物は、さまざまな環境に適応しながら世界各地へと広がっていった。

イネの祖先については未《いま》だはっきりとわかっているわけではないが、湿潤な森林の環境に適応して発達したと考えられている。

そして、およそ一〇〇〇万年前から七五〇万年前頃になるとアジアにモンスーン気候という高温多雨な環境が出現した。

このモンスーン気候は地殻変動によるヒマラヤ山脈の誕生によってもたらされたものである。

モンスーンというのは季節風のことである。アジアの南のインドから東南アジアや中国南部から日本にかけては、モンスーンの影響を受けて、雨が多く降る。この地域はモンスーンアジアと呼ばれている。

五月頃にアジア大陸が温められて低気圧が発生すると、インド洋の上空の高気圧から大陸に向かって風が吹き付ける。これがモンスーンである。モンスーンは、大陸のヒマラヤ山脈にぶつかると東に進路を変えていく。この湿ったモンスーンが雨を降らせていくのである。そのため、南アジアから東南アジア、東アジア各地はこの時期に雨季となる。そして、日本列島では、梅雨になるのである。

湿地に適応したイネ科植物

イネの祖先は、このような湿った気候に適応して分布を広げていったと考えられている。イネ科植物は乾燥地帯で発達したが、じつはこの特徴は、湿原に生きる植物としても優れていた。

水の中に生えた根は呼吸をすることができない。しかし、茎を伸ばさないイネ科植物は葉と根との距離が短い。そのため、葉から根に向けて酸素を輸送することが可能となったのである。そのため、イネ科植物は沼や湿地などの環境にも、勢力を広げていったのだ。

ただし、距離が短いとはいっても、水中の泥深くに伸びる根っこの先端まで、酸素を送らなければならない。そのため、普通の植物の根っこは、細胞がぎっしり詰まっているのに対して、イネの根は「破生《はしょう》通気組織」と呼ばれるすきまが空いている。破生通気組織は、イネの根の細胞が、自ら崩壊することによって、作られる。オタマジャクシが尻尾《しっぽ》の細胞を自ら壊すように、細胞が自ら死滅して崩壊する現象はアポトーシスと呼ばれているが、イネの根もアポトーシスを起こすのである。

こうして、イネは雨の多い湿地帯に適応して進化を遂げたのである。

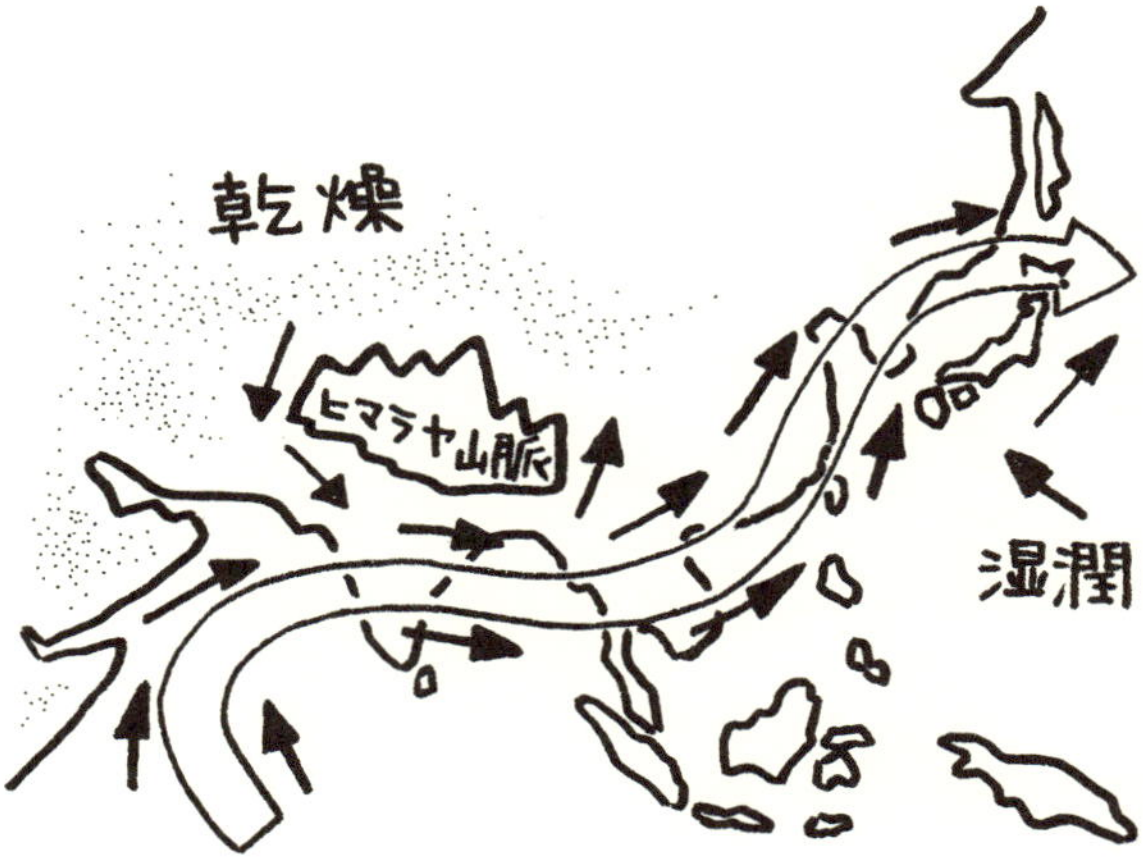

図11　イネが適応する湿地帯

ヒマラヤ山脈の東側で雨の多い気候になるのに対して、ヒマラヤ山脈を越えて吹く風は、ヒマラヤ山脈で雨を降らせた後、乾燥した風になり、タクラマカン砂漠やゴビ砂漠などの乾燥地帯を作る。一方、中緯度地域は低緯度の熱帯地域で雨を降らせた上昇気流が、乾燥した下降気流として吹き下ろす。そのため、西アジアから北アフリカもまた乾燥地帯となるのだ。

結果的に、ヒマラヤ山脈の東側は湿潤アジアとなり、西側は乾燥アジアと呼ばれるようになる（図11）。

乾燥アジアでは、乾燥に強い麦類の祖先が発達を遂げていく。そして、乾燥アジアで麦類の栽培が成立したように、湿潤アジアではイネの非脱粒性突然変異が見出され、イネの栽培が始まっていくのである。

こうして栽培が始まったイネは、日本の歴史にも大きな影響を与えていくことになるが、それは第四章でお話しすることにしよう。

第二話　日本の米と世界の米

二種類のイネ

イネには大きく、ジャポニカと、インディカの二種類があるとされている。

ジャポニカはジャパンに由来していて、「日本の」という意味だ。これに対してインディカは「インドの」という意味になる。

ジャポニカとインディカでは、分類学上はどのような違いがあるのだろう。

それを理解するために、まずは、学名というものを学んでいこう。

イヌは英語でドッグという。ネコは英語でキャットだ。

ゾウは、エレファント。それでは、カバやサイはどうだろう。カバはヒッポポタマス、サイはライノサラスと言う。それでは、ブチハイエナは何と言うのだろう。生物名が増えていけば、無尽蔵に覚えていかなければならない。

あるいは、日本固有のヤンバルクイナやイリオモテヤマネコは、英語では何というのだろう。生物名の数だけ、日本語と英語の名前をつけていかなければならなくなる。

あるいは、ロシア人がpodsolnukhと呼ぶ植物がある。これをフランス人はtournesolと言う。何のことだかわからずにいると、中国人が中国語では「向日葵」と書くと教えてくれた。なるほど、英語では、sunflower（サンフラワー）、つまりヒマワリのことか、と理解できる。

世界には多くの言語がある。「こんにちは」や「ありがとう」くらいの挨拶は、言葉が違っても何とかなるが、すべての言語の生物の名前を辞書に載せていったら、大変なことになる。

そこで、生物の名前に世界共通の呼び方をつけたものが、「学名」である。

ヒマワリは学名で「*Helianthus annuus*（ヘリアンサス・アナス）」と言う。ロシア人にとっても、フランス人にとっても、中国人にとっても、日本人にとっても、ヒマワリの学名はヘリアンサス・アナスなのである。

リンネのアイデア

現在の学名のつけ方は、一八世紀の博物学者リンネの考えに基づいている。

リンネのアイデアのすばらしいところの一つは、学名をラテン語でつけると決めたことにある。

学名はラテン語なので、覚えにくいし、読み方もよくわからない。何でこんな不便なものにしたのか、と思ってしまうが、それは世界の誰もが思うことである。

現在、ラテン語を口語で話す国はない。つまり、苦労してラテン語を覚えるということは世界共通である。

私たちは苦労して英単語を覚えて、時間を掛けて英語を勉強しなければならないのに、英語圏の国々では幼い子どもたちでさえ、うらやましいほど流暢《りゅうちょう》に英語を話す。何だか不公平だと思ったことはないだろうか。

しかし、学名は違う。誰もがゼロから学名を覚えなければならない。平等なのだ。

さらに、誰も話すことのないラテン語を使うという利点の一つは、言葉が変化しないということである。たとえば、「すばらしい」という日本語も、平安時代には「あはれ」だとか「うるはし」などと言われていた。それが、江戸時代には、「婆娑羅《ばさら》」などという言葉で表現された。二〇世紀の終わり頃には、「チョベリグ」と言われるようになり、今ではそれも死語となって、「がちやばい」とか「マジマンジ」と変化していく。それどころか、そもそも「すばらしい」という言葉は、「ひどい」という悪い意味の言葉だったという。このように、人々が使う言葉はどんどん変化していってしまうのだ。

しかし、誰も話すことのないラテン語は変化することがない。ラテン語で学名をつけるということは、後世の人たちのことを考えているのだ。

山田家の太郎くん

リンネの定めたもう一つの特徴は、二名法でつけられているということだ。

ヒマワリは学名を「ヘリアンサス・アナス」と言った。つまり、ヘリアンサスという言葉とアナスという言葉の二つから成っている。この最初のヘリアンサスは、属名と呼ばれていて、ヘリアンサス属というグループに属していることを意味している。

「属」は、イネ科植物やネコ科の動物などと使われる「科」の一つ下の階級の分類になる。

ヒマワリはキク科ヘリアンサス属の植物だ。

そして、アナスとはその種を表す言葉で、種小名と呼ばれている。つまり、ヘリアンサス・アナスはヘリアンサスというグループの中のアナスという名前の植物であることを表している。

「山田太郎」という名前が、山田というグループの中の太郎を意味しているのと似ているかも知れない。

ヘリアンサス属の中には、さまざまな植物がある。また、アナスというのはラテン語で一年草のという意味なので、エリゲロン・アナス（日本名ヒメジョオン）のように、まったく種類の違う植物にもアナスとつけられているものはある。しかし、混乱することがないように学名は一種類に一つずつつけると決められているので、同姓同名はなく、ヘリアンサス・アナスと言えば、いつでもどこでもヒマワリを指すことになる。

このように、学名はヘリアンサス・アナスと二名法でつけられる。しかし、正しくはヒマワリの学名は、ヘリアンサス・アナス・リンネという。じつは最後のリンネというのは、学名をつけた命名者のことである。誰しも、自分が発見した生物には自分の名前を残したくなる。しかし、学名の中に人の名前を入れたのでは、その生物の特徴がわからないし、何より、生物の名前を覚えるたびに人の名前を覚えるような心地悪さを感じる。そこで、命名者名は最後につけることにした。発見者の欲求を満たしながら、学名は学術的になるようになっているのだ。

ちなみに、この方法はリンネが作りだしたので、学名の命名者はリンネとつくものが極端に多い。そのため、後世の人たちも面倒くさくなったのか、リンネが命名者になっているものはリンネの頭文字のL．で省略することになっている。

ゴリラ・ゴリラの謎

ところで、ニシローランドゴリラの学名は、「ゴリラ・ゴリラ・ゴリラ」と言うらしい。学名は二名法で名付けられているから、最初のゴリラは、ゴリラ属の生物を表している。二番目のゴリラは種小名だから、ゴリラ属の中のゴリラを表している。ゴリラの中のゴリラというゴリラを代表する生物である。それでは、三番目は何だろう。まさか命名者がゴリラということではないだろう。

じつは、研究を進めていく中で、同じゴリラ・ゴリラと呼ばれる生物の中に、地域によって大きさなどが異なる集団があることが明らかになってきた。同じ種ではあるけれど、同じものとして扱うのには都合が悪い。そこで、ゴリラ・ゴリラを二つに分けて、ニシローランドゴリラとヒガシローランドゴリラと呼び分けることにしたのである。このように種の中をさらにグループに分けたものを「亜種」と言う。

そして、もともとのニシローランドゴリラの学名は、種小名を重ねてゴリラ・ゴリラ・ゴリラとし、新たに分けた亜種のヒガシローランドゴリラの方をゴリラ・ゴリラ・グラウエリと分けるようにしたのである。

もっとも、今ではニシローランドゴリラとヒガシローランドゴリラは、亜種ではなく、種が違うことが明らかになっていて、ヒガシローランドゴリラは、ゴリラ・ベリンゲイと異なる種小名がつけられている。

日本の米と世界の米

話をイネに戻そう。

イネは、日本人が食べる粒の短いジャポニカと呼ばれる種類と、海外で食べられる粒の長いインディカの二種類があると述べた。

イネは学名をオリザ・サティバと言う。つまり属名がオリザであり、種小名がサティバである。

ジャポニカと呼ばれるイネは、正しくはオリザ・サティバ・ジャポニカである。また、インディカはオリザ・サティバ・インディカである。つまり、ジャポニカとインディカとは、それぞれイネの亜種なのだ。

イネの起源地は、未だ明確ではない。従来は、中国南部の中国雲南省から東南アジアのラオス、タイ、ミャンマー周辺に広がる山岳地帯が原産地とされてきたが、近年では、長江《ちょうこう》中流域の低湿地帯が稲作の起源地であるとする説も有力とされている。いずれにしても、中国南部の米の起源地から、北の温帯へと広がった種類は、寒冷地に適応してジャポニカという亜種となり、インドや東南アジアなどの熱帯地域へ広がった種類は、インディカという亜種になったのである。ただし、インディカとジャポニカではインディカの方が野生種に近く、ジャポニカはインディカの突然変異によって生まれたと考えられている。

ジャポニカは、粒が短いことから「短粒種」とも呼ばれていて、一方、インディカは粒が細長いことから「長粒種」とも呼ばれている。

もっとも米は世界には二万種類もあると言われているから、簡単に見分けることはできない。ジャポニカの中にも粒が長いものがあったり、インディカの中にも粒が短いものがあって、実際にはややこしいのだ。

ジャポニカを選んだ日本人

インディカとジャポニカを比較すると、インディカはパサパサしているのに対して、ジャポニカはねばねばするのが特徴と言われている。

第一章ですでに紹介しているように、米がパサパサしたり、ネバネバしたりするのは、米の中のアミロース含量が関係している。アミロース含量の高いものは、パサパサするのに対して、アミロース含量の低いものはネバネバするのである。そして、アミロペクチンが一〇〇％で、アミロースを含まないもち米は粘ることを紹介した。

わかりにくいので整理すると、私たちが食べるジャポニカ米の中にも、品種によってアミロース含量が比較的高くパサパサした米があり、アミロース含量が比較的低いモチモチした米がある。そして、アミロースを含まないもち米もある。インディカ米の中にも、アミロース含量の異なる品種があり、アミロースを含まないもち米もある。

しかし、ジャポニカとインディカを総じて比較すると、インディカ米の方がアミロース含量が高くてパサパサしている傾向にあり、ジャポニカの方はアミロース含量が少なくもちもちしている傾向にある。

そのため、一般的にはジャポニカはもちもちしていて、インディカはパサパサしていると言われているのだ。

米が作った食文化

現在、世界で生産される米の八割はインディカである。ジャポニカを主に食べているのは、中国の一部と、朝鮮半島、日本だけである。ジャポニカは米の中では、少数派の特殊な種類なのだ。

ジャポニカを栽培する日本と韓国と中国は、箸《はし》を使う文化を持つ国である。パサパサしたインディカ米は箸で持つことはできないが、ジャポニカは粘り気があるので、箸で持つことができる。箸を持つ文化は、もちもちしたジャポニカ米によって発達したと言っても良いだろう。

もっとも、ジャポニカは粘り気があるのが特徴だが、長い稲作の歴史の中では、粘り気のないジャポニカを選ぶことも可能だろう。ジャポニカがもちもちしている理由には、ジャポニカがもともともちもちしている性質を持っていたと考えることもできるが、ジャポニカの中のもちもちしている系統が選ばれたと考えることもできる。

日本のようにジャポニカを食べる地域は、米を炊くのに対して、インディカを食べる地域では米をゆでこぼして調理するところも多い。米を炊くともちもちしたご飯になるが、ゆでこぼすとパサパサしたご飯になる。ジャポニカを食べる地域では、よりもちもちした食感を好み、インディカを食べる地域はよりパサパサした食感を好む調理法を選んでいるのである。

不思議なことに、ジャポニカを栽培していないのに、もちもちした食感を好む地域もある。東南アジアは、インディカが栽培される地域である。しかし、タイ北部、ラオス北部、雲南省の少数民族はインディカ米を栽培しながら、粘り気のある米を好んでいる。そのため、これらの少数民族はインディカのもち米を栽培して、食べているのである。

日本人もまた、ネバネバした米を好む。

米だけでなく、日本人は、納豆、餅、とろろ、なめこなど、外国人が苦手とするネバネバした食感を好む。一説には、これは、稲作が日本に伝わる以前に日本人が食べていたサトイモの食感の影響を受けているとも言われているが、本当のところはどうなのだろう。

いずれにしても、作物が食文化を作り、食文化が作物を選ぶ。作物と食文化とは、密接に関係しながら、互いに発達していくのである。

第三章　田んぼというシステム

あなたの目の前には、ただ、田んぼが広がっている。

そんな風景を目にしたとき、あなたはこう思うかも知れない。

「何にもないところだなぁ」

しかし、そうだろうか。何もないと思える日本の風景の中には、だいたい田んぼがある。

そして、田んぼが埋め立てられると、「何もなかったところに店ができた」などと、平気で言うのである。田んぼとは、それくらい当たり前にある場所である。

しかし、何もないのではない。そこには「田んぼ」があるのだ。

よくよく見直してみると、田んぼというのは、じつに不思議である。

田んぼには水を張る。上から下へと流れるという、たったこれだけの仕組みだけで、すべての田んぼに水が入るように、昔の人たちは田んぼを拓《ひら》いていったのである。これは、とてもすごいことではないだろうか。

あるいは、ただ田んぼが広がっている風景を見て、あなたはこう思うかも知れない。

「自然っていいなぁ」

田んぼのある風景は、のどかで癒《いや》される。

しかし、よくよく考えてみると、田んぼは人工的な場所である。

そもそも、田んぼはイネを作るために拓かれた場所である。イネを作るために水を引き、水をためるために畦《あぜ》を作る。そして、植えられているイネも人間が創り出した人工的なものである。何一つ自然ではないのだ。

それでもなお、私たちは田んぼの風景を見ると、自然を感じずにいられないことも、また事実である。

田んぼとは本当に不思議である。

田んぼとはいったい、どんな場所なのだろうか？

水浸しの平野

海外から飛行機で帰国したときのことである。

日本列島の上空に差しかかると、あちらこちらがキラキラと輝いている。ちょうど田植えの時期である。田んぼに水が入ってキラキラと輝いているのだ。

着陸が近づいて、高度が下がってくると、見渡す限り水を張った田んぼである。まるで、日本中が水浸しになっているかのようだ。

田んぼには水が入っている。

これは当たり前のような気がする。しかし、田んぼはただ、雨水がたまっているわけではない。人間が、川から水を引き入れてきているのである。

いったい、どれくらいの数の田んぼがあるのだろう。一面に見える田んぼの風景には、一枚残らず、すべての田んぼに水が行くように水路が引かれているのである。日本の平野に引かれた水路の長さは四〇万キロメートルにもなると言うから、驚きである。これは地球を一〇周する距離に相当する途方もない長さなのだ。

まるですべての細胞に酸素と栄養を送る私たちの体の中の血管のように、すみずみまで水路が張り巡らされているのである。

それだけではない。

水は、上から下へとしか流れない。この上から下へと流れるという仕組みだけを利用して、すべての田んぼに水が行くように水路が設計されているのである。

もっとも、最近ではポンプなどもあるから、下から上へと水をくみ上げることも可能になった。しかし、昔から引かれている水路は、上から下へと向かう水の流れのみによって、すべての水路に水が入るように設計されているのである。

山があれば山にトンネルを掘り、岩があれば岩を切り通して水路は引かれていく。また、谷や大きな川があれば、橋を渡して向こう岸へと水路は流れていくのである。

ときどき、テレビ番組などで、「人力で掘られた謎の洞窟」が話題になることがあるが、ほとんどの場合は、それは水を引くためにかつて掘られたトンネルである。

また、金魚の水槽の水を抜くときや、灯油をストーブに入れるときに使う灯油ポンプは、液体をある地点から目的地まで、出発地点より高い地点を経由させるサイフォンの原理を応用したものである。逆に、液体をある地点から目的地まで、目的地より低い地点を経由させる方法を逆サイフォンと言う。江戸時代には、すでにこの逆サイフォンの原理が使われて、

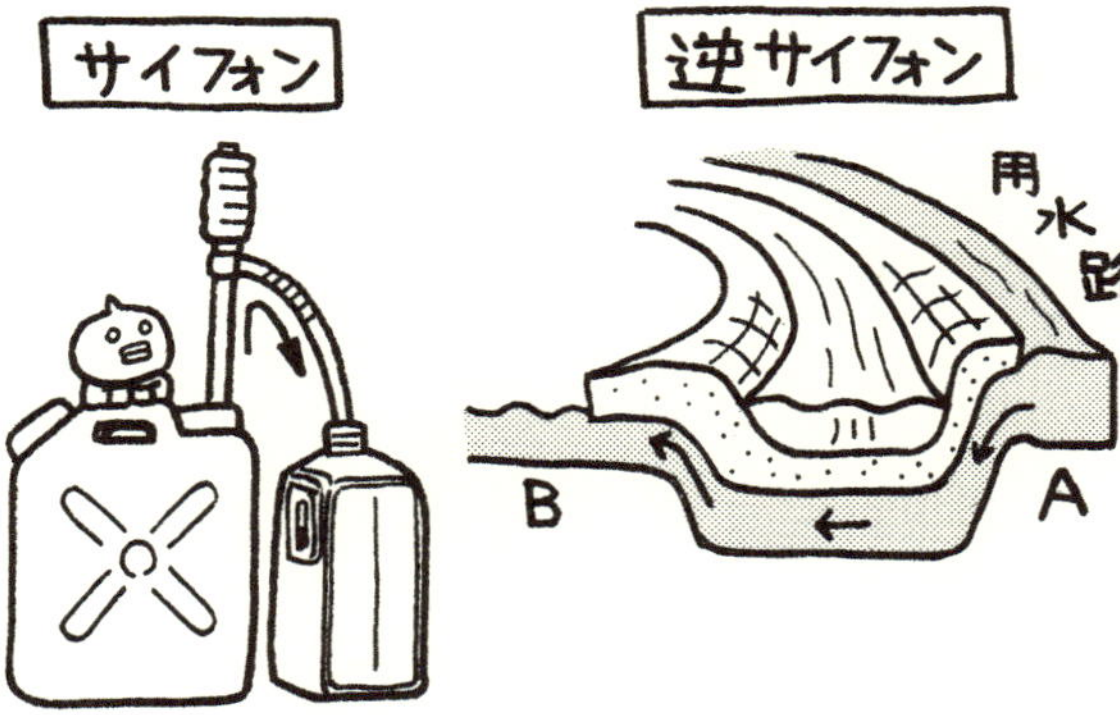

図12　サイフォンと逆サイフォン

低い位置にある河川の下や谷をくぐって用水路を通したりしている（図12）。

こうして水路を通すことによって、初めて田んぼが作られる。何という知恵と努力の結晶だろう。田んぼがある、ということは、当たり前ではなかったのだ。

田んぼに水を張る理由

しかし、不思議なことがある。

どうして、こんなに大変な思いをしてまで、田んぼに水を入れなければならないのだろう。

確かにイネは、もともと湿地性の植物なので、水を好む。

しかし、水を張らなければ育てることができないということでもないし、実際に、陸稲（「りくとう」

とも「おかぼ」とも読む）と呼ばれる畑で作るイネもある。

陸稲は、手間をかけて田んぼに水を張らなくても育てることができるし、さらには、田植えをしなくても種子《たね》を播《ま》くだけでいい優れものなのだ。

それなのに、陸稲の栽培は、どうしても水路を引くことのできない地域に限定されている。どうして、人々は、わざわざ水を引いて田んぼを作って、イネを育てるのだろう。

じつは、田んぼに水を張る一番の理由は、雑草対策なのだ。

畑には、さまざまな雑草が生える。水を引かなくても良いのは楽だが、すぐに雑草だらけになってしまうから、何度も草取りをしなければならない。草取りが追いつかなければ、大切なお米の収穫ができなくなってしまうかも知れないのである。

田んぼにも雑草は生えるが、水の中に生えることのできる雑草は種類が限られている。水を引いてくるのは大変な苦労があるが、田んぼを作ることができれば、大切なお米を得やすくなるのである。

田んぼに直接、種子を播くのではなく、育てたイネを田植えする理由も、雑草対策である。田んぼに生える雑草は少ないとはいっても、それなりに生えてくる。雑草は成長が早いので、小さなイネの苗はそれらに負けてしまう。そこで、ひと手間を掛けて、雑草に負けないように大きくイネの苗を育ててから、田んぼに植えるのである。

ちなみに、昔は、葉っぱが七枚くらいになるような成苗と呼ばれる大きな苗を育てて植えていたが、除草剤が発達した現在では、葉っぱが三枚くらいの小さな苗を植えるようになっている。

田んぼの進化

こうして人々は水を引き、田んぼを作り続けてきた。

縄文時代や弥生《やよい》時代の遺跡からは、イネを作るための農具や、水路を引いた跡が見つかっている。このことから、イネの種子が伝えられると同時に、田んぼを作ってイネを栽培するという技術も同時に日本に伝えられたのだろう。

とはいえ、水路を作るのは大変だから、水を得やすい場所に田んぼは作られる。弥生時代の水田跡として有名な静岡県の登呂《とろ》遺跡は、静岡平野を形成する扇状地の末端にある。つまり、地形的に地下水が湧《わ》き出てくる場所なのである。

そして、古代から中世にかけて、人々は田んぼにしやすい湿地を田んぼへと変えていった。

国土を改造する田んぼの造成は、およそ八世紀までに成し遂げられ、日本は今と同じようにあちらこちらで水田が広がる風景が見られるようになったと考えられている。しかし、それは水の得やすい山裾や、小さな河川沿いの土地がほとんどだったのである。

田んぼの開発ブーム

もともと田んぼは、谷筋や山のふもとに拓かれることが多かった。それらの地形では山から沁《し》み出した水が流れ出てくる。この水を利用して田んぼを拓いたのである。やがてその水を引いて、山のふもとの扇状地や盆地にも田んぼが拓かれていく。それでも、田んぼは限られた恵まれた地形でしか作ることができなかったのだ。

田んぼの面積が増加してくるのは、戦国時代のことである。

もともと戦国武将の多くは、広々とした平野ではなく、山に挟まれた谷間《たにあい》や、山に囲まれた盆地に拠点を置き、城を築いた。これは防衛上の意味もあるが、じつは山に近いところこそが、豊かな米の稔《みの》りをもたらす戦国時代の穀倉地帯だったのである。実際のところそれ以外の多くの地域ではイネを作ることはできず、ムギ類やソバを作ったり、ヒエやアワなどの雑穀を作るしかなかった。そして、限られた米の穫《と》れる穀倉地帯を巡って、戦国武将たちは戦いを繰り広げたのである。

次章でも紹介するが、何しろ当時、米は貨幣のような役割を果たしていた。田んぼを作り、たくさんの米を穫るということは、まさに経済力そのものであった。米は兵糧《ひょうろう》ともなり、軍事力ともなる。そのため、領主たちや有力者たちは新田開発に励み、人々も少しでも田んぼを広げようと努力を続けたのである。

軍事技術が発達した戦国時代には、稲作もまた進化を遂げた。

水路を引き、城を作る技術は、河川の流れをコントロールして多くの田んぼを作ることに貢献した。堀を掘る技術や、石垣を作る技術は、それまで手つかずだった山間地に水路を引き、棚田を拓くことを可能にしたのである。

現在ある棚田の多くは、戦国時代から江戸時代の初めに掛けて作られたものである。

さらに戦国時代には、それまで手付かずだった川の下流部にも、田んぼが拓かれるようになり、再び国土を改造するレベルでの田んぼの造成が行われるようになった。

しかし、下流へ行けば川は大きくなり、水量の多い河川は氾濫を繰り返すから、コントロールが難しい。そのため、下流に田んぼが広がったとはいっても、人々は山に近いところに村を作った。そして、その下流部には氾濫を繰り返す広大な低湿原が広がっていたのである。

そして平野が開発された

ところが、江戸時代になって政情が安定してくると、各藩の大名たちは武力ではなく、経済力を競うようになった。

何しろ、もう武力による戦いによって領地を広げることはできない。限られた領地の中で米の生産を増やすしかない。一方、これまでは戦い続きで、田んぼを開発する余裕がなかったが、もはや戦さの心配をする必要がないから、金銭的にも労力的にも、じっくりと新田開発に力を注ぐことができる。

そのため、大名たちはこぞって新田開発に乗り出したのである。何しろ、大名の収入は米で納められる年貢であった。つまり、田んぼでとれる米は、当時は「貨幣」そのものである。そのため、田んぼの面積を広げ、米の収穫量を上げることは、まさにビッグマネーを生みだすビジネスだったのだ。

こうした大規模な土木工事によって開発されたのが、川の下流部に広がる広大な平野である。

それまでは、平野は河川が縦横無尽に流れ、ヨシが生い茂る湿地が広がるばかりであった。泥の深い湿地は、とてもイネを栽培できるような場所ではなかったのである。

しかし、土手を作り河川の流れを制限して、その代わりに水路を整備していくことによって、何の価値もなかった広大な湿地は、田んぼに生まれ変わる。そして江戸幕府もまた関東平野の台地を拓き、沼を干拓して、大規模な水田を拓いていくのである。

田んぼの面積が二倍になった

こうした新田開発によって江戸時代には、豊臣《とよとみ》秀吉の頃に比べて、水田の面積が二倍にもなったと言われている。まさに新田開発ブームである。こうして、江戸時代の大名は広大な平野を開発して、田んぼにしていった。

そして、大河川を治水《ちすい》して平野部に拓かれた田んぼは、その後、城下町が整備されたこともあり、都市の発展の基礎となっていった。たとえば、東北の雄、伊達《だて》家はもともと内陸の米沢《よねざわ》を本拠地としていたが、伊達正宗《まさむね》が広大な仙台平野を開拓し、仙台城を居城とした。

戦国時代の濃尾《のうび》平野は、信長が築城した岐阜城、小牧山城《こまきやまじょう》、清洲城《きよすじょう》など内陸が中心であったが、江戸時代には清洲越しと呼ばれる清洲から名古屋への都市機能の移転があった。また、中国地方の雄、毛利元就《もとなり》は内陸の吉田郡山城《よしだこおりやまじょう》を拠点としたが、元就の孫にあたる毛利輝元《てるもと》が広島平野を拓き、広島城を居城とした。

こうして地域の中心は山に囲まれた山間部から、広々とした平野部へと移っていくのである。

やがて、近代になると、田んぼが拓かれた広大な平野は、人々が住む都市へと変貌していった。田んぼを作るために、川から引かれた水路や豊富な地下水は、工場を支え、産業を発達させた。そして、田んぼのすみずみにまで引かれた小さな水路のネットワークは生活用水の基礎となり、人々の暮らしを支えたのである。

現在、平野の多くは、都市として開発されているが、現代人が住む平野の多くは、江戸時代に田んぼとして開発されたものなのである。

田んぼが水をコントロールする

「田んぼはダムの働きをしている」と言われることがある。

これは、どういうことなのだろうか。

ダムのように水をためているから、と思うかもしれないが、そうではない。

ヨーロッパの街並みを見ると、街の中を豊かな川がゆったりと流れているイメージがある。たとえば、フランスを流れるセーヌ川であれば、四七〇メートルの高低差を約七八〇キロメートルの距離をかけて水が流れる。またドナウ川は、六八〇メートルの高低差をじつに二八六〇キロメートルもの距離をかけて流れている。

広大な平野をゆったりと川が流れていくのである。

これに対して日本の地形は急峻《きゅうしゅん》で平野も小さい。そのため、河川はどれも急流である。

日本では代表的な大河である木曽川でさえも、八〇〇メートルもの高さを、わずか二〇〇キロメートル足らずの距離で海まで水が流れ落ちてゆく。

明治時代に日本を訪れたオランダの河川技術者は、日本の河川を見て「これは川ではなく、滝だ」と驚嘆したという。ゆったりとした大河に見慣れたヨーロッパ人にとっては、それも無理からぬ話だろう。

しかも日本は世界でも雨の多い地域である。大雨が降れば、川はたちまち増水する。そして、暴れ川と化して、あちらこちらに洪水を起こすのである。

そのため、江戸時代に新田開発が進むまでは、平野部は人の住めない湿地が広がっていたのである。

しかし、日本人は川の上流部には棚田を作り、川のまわりに田んぼを拓き、下流部にまで田んぼを作り続けてきた。

田んぼを作ることとは、水路を作って山から流れる川の水を引き込んで、田んぼのすみずみにまで水を分配することである。そして、大きな河川から小さな川を引き、小さな川から田んぼに水を行き渡らせて水をためるのである。

この田んぼに張り巡らされた水路のネットワークによって、山に降った雨は一気に海に流れ込むことなく、大地を潤しながら、ゆっくりと流れるようになっている。そして、ゆっくり流れることで、地下に水が沁み込み、豊富な地下水を蓄える。

この水をコントロールし、洪水を防ぐ機能が、ダムと同じ働きであると言われているのである。

水田は砂漠化しない

農業には、自然を破壊するという一面と、自然を創り出すという一面とがある。

世界の農業に目を向けたとき、農業は間違いなく自然の破壊者として見なされることが多い。

一つは、農地の開発である。

農業を行うためには、農地が必要となる。そのため、森林を伐採して、農地の拡大が行われている。しかし、大規模な農地の開発が行われているにもかかわらず、世界の農地面積は増えていない。これは、どうしてなのだろうか。

じつは、農業を続けることによって土壌が荒廃し、作物の栽培ができなくなっているのである。たとえば、農地で作物を栽培すれば、作物が土の中の養分を吸収する。そのため、土の中の栄養分は失われて、やせた土地になってしまうのである。もちろん、作物を栽培するためには肥料を施与するが、化学肥料で補える栄養素は限られている。こうして、やせて植物が育たなくなった土は、風や雨水で流出してしまう。じつは、現在では、世界の農地の四〇%で、このような土壌浸食が問題になっている。特に、巨大な食糧生産大国であるアメリカでは七五%もの農地で土壌浸食が起こっていると言うから、深刻である。

土は無限にあるわけではない。土は有機物が分解することによって作られる。たった一センチメートルの深さの表土が生成されるのに、およそ二〇〇~三〇〇年かかると言われている。つまり、作物を栽培する三〇センチメートルの深さの土を作るためには、六〇〇〇~九〇〇〇年という途方もない歳月を要するのである。こうして作られた表土が、今、見る見る失われているのだ。

農業による環境破壊

もちろん、やせた土にならないように、人間は肥料を撒《ま》く。しかし、その肥料もまた、砂漠化の原因になっている。

作物を栽培するために農地に水を撒くと、土に沁み込んだ水に土の中のミネラルなどの栄養分が溶け出す。日光に温められると土壌表面の水は蒸発し、栄養分を含んだ土の中の水は地表面に上がっていく。そして、水が蒸発してしまうとミネラルなどの栄養分だけが、土壌表面に残ってしまうのである。

こうして、土壌表面に栄養分は蓄積して、濃度を高めていく。作物を育てるのに、栄養分は必要であるが、適量がある。あまりに高濃度になると、逆に植物に害を与えてしまう。こうして、土壌表面に蓄積されたミネラルなどによって、土地は植物が育たない環境になる。そして、ついには砂漠と化していくのである。この現象は、「塩類集積」と呼ばれている。

古代に繁栄を遂げたメソポタミア文明やエジプト文明は、この塩類集積によって滅亡したとされている。農業は環境を破壊し、そしてその環境破壊は、文明を滅ぼすほどの力を持っているのだ。

科学が進歩した現在でも状況は何一つ変わっていない。農地の塩類集積は大きな問題となっている。今でも、農業による地力《ちりょく》の低下や塩類集積によって、一年間に五〇〇〜六〇〇ヘクタールもの農地が砂漠と化している。驚くことに、これは日本全体の農地面積よりも大きな面積である。今や環境破壊は、一地域の問題ではなく、地球規模の問題である。二一世紀を生きる私たちもまた、文明の危機にさらされているのである。

さらに近年では、水資源の不足も指摘されている。

農業は、植物を栽培するために、大量の水を必要とする。

水の惑星と言われる地球ではあるが、その多くが海水や地下水であり、実際にわれわれが利用できる水資源は、わずか〇・三%にすぎない。その限られた水の、じつに約三分の二が農業用水として利用されている。そして、農業の発達と拡大が、地球規模の水不足を招いているのである。

中国大陸を流れる黄河は全長五五〇〇キロメートルにも及ぶ世界有数の大河である。しかし、農業用水として水を使いすぎたことによって、下流部では水がなくなる断水が起こっていると言う。また、ロシアのアラル海は、かつて世界で四番目に大きい湖として知られていた。ところが農業用水として水を利用するようになってから、アラル海は見る見る小さくなり、ほぼ消滅してしまう事態にある。

このように農地の開発や、地力の低下、塩類集積、水資源の不足などによって、農業は環境を破壊しているのだ。

ところが日本で暮らしていると、ここで紹介したような環境破壊は、どうもピンとこない。それは、日本の農業が田んぼを中心に行われているからなのである。

田んぼの底力

先に述べたように、日本人もまた未開の地を開拓し、田んぼを作ってきた。

しかし、その結果、作られた田んぼに自然破壊のイメージはあまりない。田んぼや田んぼに水を引くための小川は、ドジョウやメダカ、カエル、トンボ、ホタルなど、さまざまな生き物が暮らしている。

田んぼは湿地を開発して作られてきた。そのため、田んぼには湿地の生き物たちがそのまま生息しているのである。そのため、生態学では田んぼの環境のことを「代替湿地」と呼んでいる。

農業が水資源を奪うという点はどうだろう。

水をためる水田は、大量の水を必要とする。しかし、日本は世界の雨の二％が降ると言われるほど、水資源に恵まれた国である。確かに水不足のときには水を奪うという面もあるが、むしろ大量に降る雨を受け止めて、ゆっくりと流す役割をしている。

それでは、世界の農地で問題になっている土壌の流亡はどうだろうか。日本の国土を覆う田んぼは、畦でまわりを囲み、土が流出するのを防ぐ砂防ダムの役割をしている。そのため、土をしっかりと受け止めて流さないのである。

それでは、世界の農地を砂漠化している塩類集積はどうだろうか。

土壌表面に塩類が集積するのは、水分の蒸発によって土の中から水が上がってくるためである。雨の多い日本の畑地や、水を張っている田んぼでは塩類集積は問題にならない。

また、作物を栽培することによって、土の中の栄養分が奪われるが、これも日本では問題にならない。昔から「稲は地力で、麦は肥料で作る」と言われ、イネは土の中の栄養を利用する作物であった。もちろん、現在では化学肥料を用いるが、肥料のなかった昔も、山の森林から流れ出る栄養分を含む水が田んぼを潤して、栄養分が補給されていたのである。

連作が可能な田んぼ

日本では、毎年、当たり前のように田植えをしてイネを育てる。

これも世界の農業から見れば、極めて珍しいことである。

農作物を栽培するときには、毎年、同じ作物を連続して作ると、うまく育たなかったり、枯れてしまったりすることがある。この現象は「連作障害」と呼ばれている。そのため、作物を育てる場所を替えていかなければならないのである。

ところが、田んぼは毎年、同じ場所でイネばかりを作っている。それなのに、どうして連作障害が起こらないのだろうか。

連作障害の原因には、作物の種類によって土の中の栄養分を偏って吸収するために、土の中の栄養分のバランスが崩れてしまうことや、作物の根から出る物質によって自家中毒を起こしてしまうことがある。あるいは、同じ作物を栽培することで、土壌中にその作物を害する病原菌が増えてしまうということがある。

ところが、田んぼは水を流している。このことによって、余った栄養分は洗い流され、新しい栄養分が供給される。また、生育を抑制する有害物質も洗い流してくれる。さらには、水を入れたり乾かしたりする田んぼでは、同じ病原菌が増加することも少ない。

そのため、田んぼでは連作障害が起こらないのである。

イネは何千年もの昔から、ずっと同じ場所で作られ続けてきた。これは、世界の農業から見れば、まさに奇跡である。

一方、イネと同じイネ科の作物であっても、ヨーロッパの畑で作られるムギでは、連作障害が問題となる。

そのため、かつてヨーロッパではムギを刈った後に家畜を放牧してローテーションをしながら休閑する三圃式《さんぽしき》農業が行われていた。こうして三年に一度は休ませないと、地力を維持することができなかったのである。このように、コムギは三年に一度しか作ることができなかったのだ。

現在でも、ムギ栽培と家畜飼育を組み合わせた混合農業が行われている。こうして連作障害を防ぎながら、地力を回復させなければならないのである。環境を保全しながら持続的にムギを栽培しようとすれば、ムギが収穫できるのは数年に一度ということになる。

これに対して、日本の田んぼは毎年、イネを育てることができる。イネのように毎年、栽培することができるというのは、じつは特別にすごいことなのだ。

それどころか、かつて日本の田んぼでは、イネを作った後に冬作としてムギを栽培する二毛作が行われていた。連作できるどころか、一年のうちにイネとムギを収穫することさえ可能だったのだから、ヨーロッパのムギ畑からすれば、考えられないほど高い生産力を誇っていたのである。

ごちゃごちゃした日本の風景

最近ではヨーロッパの鉄道旅を紹介するようなテレビ番組は多い。

ヨーロッパを旅すると、車窓に広がる牧歌的な風景の美しさにはため息が出る。

そんな風景に見慣れてから、日本に帰国すると、本当にガッカリさせられる。飛行機から見る風景も、車窓から見える風景も、とにかく日本はごちゃごちゃしていて猥雑《わいざつ》なのだ。

しかし……と私は思う。

これこそが、日本の田んぼのすごさを物語っているように思えるのである。

ヨーロッパの農村風景を見ると、広々とした畑が広がり、その遠くに家々が見える。しかし、この風景の成立した背景を考えてみると、昔は、この小さな村の人たちが食べていくために、これだけ広大な農地が必要だったということでもある。

一方、日本では田畑の面積が小さく、そこら中に農村集落がある。つまり、少ない農地でたくさんの人たちが食べていくための食糧を得ることが可能であったということに他ならない。

ヨーロッパは土地がやせていて、土地の生産力が小さい。

しかも、ヨーロッパの中でもムギを作ることができたのは恵まれた土地である。やせた土地では、ムギを作ることはできなかった。そのため、牧草を育てて、家畜を育てたのである。

生産性の高いイネ

さらには、土地の生産力の違いに加えて、ムギとイネという植物の違いもある。イネはムギに比べて、収穫量の多い作物なのである。

また、収量の多いイネは生産効率も良かった。

ヨーロッパでは主にコムギやオオムギなどのムギ類が栽培されるが、一五世紀のヨーロッパでは、播いた種子の量に対して、三〜五倍程度の収量しか得ることができなかった。一方、日本ではイネが栽培されるが、同じ一五世紀の室町時代の日本では、イネは播いた種子の量に対して二〇〜三〇倍もの収量が得られたのである。

化学肥料が発達した現在で比較しても、コムギは播いた種子の二〇倍前後の収量であるのに対して、イネは一一〇〜一四〇倍もの収量がある。イネは生産力がずば抜けて高いのである。

イネとムギ類とは栽培されている環境や土地も異なるし、栽培技術も異なるから、単純な比較はできないが、イネが多くの食糧を生み出してきたことは間違いがない。

実際に、現在でも、世界の人口密度が高い地域は、稲作地帯と一致する。イネを作ることは多くの人口を養うことを可能にするのである。

田んぼで展開される稲作は、世界がうらやむような農業だったのである。

過密な人口を支えるイネ

一八世紀、江戸時代中期の江戸の町の人口はすでに一〇〇万人を超えていた。これは当時、世界一の人口の大都市であったとされている。大都市であるロンドンやパリが四〇万都市だったから、江戸の方がずっと人口が多かったのである。

世界一の人口と簡単に言うが、たくさんの人が集まるのには、色々な条件が要る。人は誰しも腹が減る。日々、一〇〇万人の人々の腹を満たしていかなければならないのである。これは、日本の食糧生産の豊かさによって可能になったのである。

日本は広大なヨーロッパ大陸に比べると、平野が少なく国土が狭い。しかし、一六世紀、戦国時代の日本では、同じ島国の英国と比べて、すでに六倍もの人口を擁していたとされている。さらに江戸時代の日本には、すでに二〇〇〇万〜三〇〇〇万人の人口がいた。これは、日本では狭い農地でも、十分な食糧を得ることができたからに他ならない。

日本の過密な人口は、「田んぼ」というシステムと、「イネ」という作物によって支えられてきたのである。

手をかける農業

教科書では、日本の農業は、欧米に比べて農家一軒あたりの経営面積が小さいと習う。

確かに、現代では、規模を拡大した農業経営が求められている。しかし、日本の農家の経営面積が小さいという理由には、もともと農業の質が違うという面もある。

前述のようにヨーロッパの農地はもともと生産性が低い。そのため、収量を上げようとすれば、農地の面積を広げるしかない。

狭い土地では、どんなに頑張っても収量は増えることなく、それよりも少しでも土地を広げる方が良いし、やせた土地であれば、そこにウシを放して、一頭でも多く飼う方が良い。そのため、ヨーロッパでは伝統的に土地を広げ大規模にする努力がなされ、面積を広げた代わりに一つ一つの農地には手をかけない粗放的な農業が伝統的に発達した。

一方、日本では土地の潜在的な生産性が高い。

手をかければかけるほど、収量は増える。同じ田んぼを工夫すれば、イネとムギの両方を作ることさえ可能だし、畑でも手をかければ、さまざまな野菜や作物を栽培することができる。

そのため日本では、やみくもに面積を広げるのではなく、限られた面積の中で、いかに手をかけて、収量を増やすかに努力が払われてきた。ていねいに手をかけていれば、限られた労力では、農地の面積を増やすことに限界がある。こうして、日本では伝統的に小規模で集約的な農業を発展させてきたのである。

欧米の農業は広く広くと横方向に発達をするのに対して、日本の農業は深く深くと縦方向に発達を遂げてきた。ちなみに日本人は欧米人に比べて内向的と言われるが、もしかすると限られた農地の中で内向きに展開する農業が関係しているのかも知れない。

世界がうらやむ農業

これまで紹介してきたように、世界の農業は環境を破壊していく。

農業は水資源を奪い、豊かな土を荒廃させる。農業を行った土地は砂漠化し、人々は新たな農地を作るために、豊かな森林を破壊する。

これに対して、日本の水田は、豊かな水資源に恵まれて、豊かな自然の恵みを享受している。そして、世界の農業に比べて高い生産力を誇っているのである。

それなのに……日本の田んぼを見渡してみるとどうだろう。

日本の田んぼではイネが作られていない。耕作放棄地となってただ荒れ果てて雑草まみれになっている田んぼもある。

田んぼを耕し、イネを作る人は年々減って、荒れ果てた田んぼは年々増えている。

もちろん、問題は単純ではない。日本人の米の消費量は減っているから、米は余り、米の価格は下がっている。外国からは安い米が輸入されてくるし、外国に輸出するのにはコストがかかる。その結果、イネを栽培する人は減っているのだ。

問題は単純ではない。それは十分にわかっている。

しかし、世界の人が日本の田んぼを見たらどう思うだろう。

人口は増え続け、農地は圧倒的に足りない。食糧不足で飢えている人々が八億人以上もいると言われている。世界の人口の一〇人に一人だ。水資源も足りない。異常気象による不作も続いている。

それなのに、水資源に恵まれ、高い生産力を誇る日本の農地が使われずに荒れ果てているのだ。かつて手入れの行き届いた日本の美しい里山の風景は、日本を訪れた外国人たちを驚嘆させた。しかし、今飢餓に苦しむ世界の人々がこの風景をみたら、どう思うことだろう。

縄文時代に稲作が日本に伝えられて数千年。現在、日本の田んぼはもっとも荒れ果てた状態にあると言われてさえいるのである。

第四章　米で読み解く日本の歴史

人間は、長い歴史の中で、自分たちの欲望に任せて、イネを思うがままに改良し、利用してきた。そして、物言わぬイネは、そんな人間の欲望に付き従ってきた。

今やイネは人間の都合に合わせて、野生植物とは異なる姿形や性質を身に着けさせられ、原産地から遠く離れた日本で栽培されている。そして、やっと実を結んだ米という種子は、すべて人間に取り上げられてしまうのである。

イネは、人間の歴史に翻弄されてきた被害者なのだろうか？

私は、そうは思わない。

植物にとって、もっとも重要なことは、種子を作り、種子を広げることである。

たとえば、タンポポは綿毛を風に乗せて種子を遠くへ飛ばしていく。あるいは、ひっつき虫と呼ばれる植物は、動物や人間の衣服に植物の実や種子をくっつける。こうして、動物や人間を利用して、種子を運ぶのである。

その中には、「食べさせて、種子を運ぶ」という戦略がある。

植物が実らせる甘い果実が、それである。植物は鳥のために、甘い果実を用意する。鳥が果実を食べると、果実と一緒に種子も食べられる。そして、種子は消化されることなく、糞《ふん》と一緒に体外に排出されるのである。動物や鳥の消化管を種子が通り抜けるのには時間が掛かるから、糞と一緒に種が排出される頃には動物や鳥は移動しているので、種子も移動して散布されるという作戦なのである。

植物の果実が、赤く色づき、甘くなるのは、鳥を呼び寄せて食べさせるためなのである。

もっと手の込んだ方法もある。

たとえば、スミレの種子はアリを利用する。スミレの種子をよく見ると、「エライオソーム」というゼリー状の物質が付着している。このエライオソームを餌にするために、アリは種子を自分の巣に持ち帰るのである。ただし、アリの巣の中に運ばれても、深い地面の下で芽を出すことはできない。じつは、アリがエライオソームを食べ終わると、種子が残る。種子はアリにとっては食べられないゴミなので、アリは種子を巣の外へ捨ててしまう。こうしたアリの行動によってスミレの種子は、遠くへ運ばれるのである。スミレのようにアリを利用して種子を運ぶ植物は、アリ散布型植物と呼ばれている。

何という複雑な方法なのだろう。そして、まんまと植物に利用されているアリの、何と哀れなことだろう。

植物は種子を散布するために、さまざまな工夫をこらしてきた。中でも食べさせるなど、他の生物を利用するという方法は常套《じょうとう》手段である。種子を運ぶためであれば、甘い果実を用意したり、栄養豊富なエライオソームを用意することなど、植物にとってはわけもないことだったのだ。

イネは人間の都合に合わせて性質を変えてきた。そして、私たちはイネを栽培し、利用している……と思い込んでいる。

しかし、どうだろう。人間たちはイネを育てるために田んぼを作り、イネの種をまいて苗を作っている。イネは人間たちに世話をされながら、何不自由なく暮らしているのである。そして、イネは日本中のすみずみにまで広がっているのである。

それは、鳥たちが甘い果実に狂喜し、アリがエライオソームのついた重たい種子を運ばされているのと、何か違いがあるだろうか。

分布を広げるためであれば、人間の好みに合わせて姿形や性質を変えることは、植物にとっては何でもないことなのだろう。人間が植物を自在に改良しているのではなく、植物が人間に気に入るように自在に変化しているだけかも知れないのだ。

日本の歴史を振り返ると、「米」が重要な役割を果たしている。そしてときに人間たちは、米に翻弄されている。日本の歴史は、人間が米を利用してきた歴史ではなく、米が人間を利用してきた歴史であるかも知れないのだ。

この章では、「米」というキーワードで日本の歴史をたどってみることにしたい。

米から見た日本史とは、いったい、どのようなものなのだろうか？

日本の米がやってきた

90ページですでに紹介したように、米の起源地については未《いま》だ確定していないものの、中国の南部であると考えられている。大陸から日本に稲作が伝えられたのは縄文時代の後期のことであると言われている。

縄文時代の前は、世界は氷河期が断続的に続いていた。寒冷な気候だったのである。気温が下がれば地上の水は海に流れることなく凍り、氷となる。そのため、海の水は少なくなり、海面は下がる。そして、海面が下がったことによって日本列島と北はシベリア半島とつながり、南は朝鮮半島とつながっていた。このとき、日本人の祖先となる人々は、獲物《えもの》を追って、大陸から地続きの日本の土地へとやってきたのである。

ところが、縄文時代になると、気候が暖かくなる。すると、氷は溶けて海面が上昇する。日本列島も現在、平野になっているところは海の中になってしまった。縄文時代の遺跡はずいぶんと高台にあるが、それは山と海とが近かったからなのである。

縄文時代の人々は、こうして海の幸、山の幸に恵まれた生活をしていた。

青森県の三内丸山《さんないまるやま》遺跡に代表されるように、縄文時代の遺跡は東北や北海道に多い。東北や北海道も温暖で豊かだったのだ。

米がどのようなルートで、どのようにして日本に伝わってきたのかについては、朝鮮半島を経由したルート、中国大陸の長江《ちょうこう》流域から対馬《つしま》海流に沿って直接伝えられたルート、中国南部から、黒潮に沿って南西諸島を経由して伝えられたルート、の三つの伝播《でんぱ》ルートが考えられている。

しかし、米の伝来については、未だにはっきりしていない。もっとも、考えてみればそれも無理のない話である。

たとえば、あなたの学校でおしゃれなペンケースが流行《はや》ったとしよう。それを最初に持ってきたのは誰だろう。あるいはそれを広めたのは誰だろう。転校生が使っていてブームが起きたとか、ファッションリーダーの子が使ったのが最初だとか、来歴がはっきりしている場合もあるかも知れない。しかし、多くの場合、流行の出発点はわからない。もしかすると、複数の子が使い始めたのかも知れないし、最初に誰かが使っていたときには見向きもされなかったのに、影響力のある誰かが使い始めたときから、一気に流行ったのかも知れない。あるいはテレビやSNSで情報が共有されて一気に広まったのかも知れない。

日本への米の伝来も同じことである。

一人の歴史上の偉人が米を日本に伝えたわけではない。古い時代から、日本と大陸との海を越えた交流はあったため、さまざまな人が、さまざまな機会に米を持ってきたことだろう。そして、ペンケースがいつの間にか学校中で流行していくように、米もまた、日本各地へと広がっていったことだろう。

しかし、流行が学校中に広がっていったように、縄文時代の終わりに日本に伝わった米が、すべての人々によって大歓迎されたわけではなかったようである。

東日本にイネが広がらなかった理由

縄文時代にも、農業がまったくなかったわけではない。狩猟採集を基盤としながらも、小規模な作物栽培を行ったり、サトイモなどを植えて、放置しておく半栽培が行われていた。また、縄文時代の中期になると焼き畑などの原始的な農業が行われるようになったと言われている。

狩猟採集に頼っていた旧石器時代から縄文時代は貧しい時代であり、稲作農業が定着した弥生《やよい》時代は豊かな時代であるというイメージがある。しかし、実際にはそうではない。

水を田んぼに引き入れて、農作業を行う稲作には、多大な労力を必要とする。

狩猟採集で労力なく食糧を得ることができるのであれば、わざわざ苦労をして稲作などする必要はないのだ。そのため、日本に農業が伝わっても、日本に住んでいるすべての人々が、すぐに大喜びで稲作を始めたわけではなかった。

稲作が大陸から九州北部に伝えられたのは、縄文時代後期のことである。その後、稲作は急速に広がり、わずか半世紀の間に東海地方の西部にまで伝わったとされている。しかし、そこから東側には、なかなか広がっていかなかったのである。

なぜか。

気候が温暖な当時の東日本は、食糧に困らない豊かな地域であった。

縄文時代中期の一〇〇平方キロメートルの人口密度は、西日本ではわずか一〇人未満であったのに対して、東日本では、その数十倍の一〇〇~三〇〇人であったと推計されている。温暖で豊かな落葉樹林が広がる東日本は、大勢の人口を養うのに十分な食糧があったのである。人口を支える食糧が不足する西日本では稲作は急速に広がったが、十分な食糧がある地域では、労働を伴う農業は受け入れられなかったのだ。

稲作と富

しかし、縄文時代から弥生時代にかけて、稲作はゆっくりと時間を掛けながらも、確実に広がっていった。

どうして、食糧の豊かな地域にも農業が受け入れられたのだろうか。

一つには気候の変化を挙げることができる。

約四〇〇〇年前の縄文時代の後期になると、次第に気温が下がり始めたことから、東日本の豊かな自然は、大きく変化をするようになった。特に、東日本は、先述したようにもともとの豊かな食糧に支えられて人口密度が高かったから、食糧の不足は切実な問題となったことだろう。

しかし、それだけではない。

農業によって人々が得るものは、単に食糧だけではない。

狩猟採取の暮らしでは貧富の格差は起こりにくい。獲物を大量に獲《と》っても、一人が食べることのできる量は決まっている。そのため、食べきれない分は仲間と分配するしかない。

一方、農業によって得られる穀物は、食べきれなくても貯蔵をすることができる。貯蔵できる食糧は「富」となる。こうして富を持つ人が現れ、同時に貧富の格差が生まれるのである。

弥生時代の遺跡からは、たくさんの壺《つぼ》やかめが発掘される。これは穀物を貯蔵するために使われたものだ。また、縄文時代までは祭殿として用いられていた高床式の建築が、弥生時代になると高床式倉庫として利用されるようになる。稲作によって、「蓄える」という行動が起きるのである。

さらに、米を生産するには多大な労力を必要とする。米をたくさん持つ人は、富と権力を持ち、富と権力で人々を集め、さらに多くの水田を拓《ひら》いていく。富める者はますます富んでいくのである。

また、稲作のような本格的な農業を行うためには、水を引く土木工事の技術や、農耕のための道具などが必要である。そして、農業を行うための技術は、戦うために砦《とりで》を作ったり、武器を作る技術にもなるのである。

お腹いっぱいになれば満たされる食糧と異なり、「富」は、蓄積することもできれば、奪い合うこともできる。攻めては富を得ることもできるし、攻められれば富を奪われることもある。こうして、農業を行う人々は、競い合って技術を発展させ、強い集団社会を形成していったのである。

こうして、農業は「富」を生みだし、強い集団社会を生み出した。そして、技術に優れた水田稲作を行う人々は、時には武力で狩猟採集を営む人々を圧倒していったのである。もしかすると「豊かさ」が持つ意味合いはこのとき、農業によって大きく変貌してしまったのかもしれない。

時代を大きく変えたもの

縄文時代は争いのない時代であったと言われる。縄文時代の遺跡からは、戦いで傷ついたと思われる人骨は発見されないのだ。しかし、弥生時代になると、戦いで死んだと思われる傷ついた人骨が発見されるようになる。

米は豊かな富をもたらしたが、同時に争いももたらしたのである。

もっとも私たちがイメージしがちなように、大陸からやってきた弥生人たちが、縄文人を武力で滅ぼしていったというわけではないらしい。

大陸からやってくる弥生人たちは、大勢が一気に押し寄せたわけではなく、少人数ずつ時間を掛けてやってきた。そのため、もともと住んでいる多数派の縄文人と交流しながら、また縄文人も稲作技術を取り入れながら、稲作は日本に広まっていったのである。

昔、ガラケーと呼ばれる携帯電話を使っていた大人たちが、スマートフォンの時代になって滅んでしまったわけではなく、ガラケーを使っていた大人たちが、スマートフォンを使うようになった。同じように縄文人たちもまた、弥生人の進んだ文化を取り入れていったと考えられているのである。

いずれにしても、稲作という革新的な技術は、日本の歴史に革命を与えた。

縄文時代は一万年以上続いたとされているが、弥生時代は一〇〇〇年にも満たない。米を得て、富を得ることによって社会は急速に発達を遂げて、歴史の流れは一気にスピードを上げていくのである。

その頃、中国大陸では……

米は、一人の偉人が日本に持ち込んだわけではなく、さまざまな人たちがさまざまな経緯やルートで日本に持ち込んだはずである。

その中には中国大陸での事件も影響していると考えられている。

仲の悪い者同士が同じ場所にいる意味の熟語で「呉越同舟《ごえつどうしゅう》」という言葉がある。「呉」と「越」というのは、中国春秋時代の国名である。

中国の春秋戦国時代は、紀元前七七〇年から、紀元前二二一年に秦《しん》が中国を統一するまでの時代を指す。この時代は、日本ではちょうど弥生時代であった。日本に稲作が広がろうとしていた頃、中国大陸は、すでに激しい戦乱の世だったのである。

呉は北方の麦作文化圏であり、越は南方の稲作文化圏であった。中国大陸でも寒冷化が進み、呉の国は暖かい南の地域へと南進していった。そして、越の国と衝突をするのである。呉越の戦いは、北方の麦作文化と南方の稲作文化との戦いでもあったのだ。

この戦いは、呉の国の勝利に終わる。そして、戦いに敗れ故郷を追われた越の国の難民たちは、中国の山深い山岳地帯に落ち延びて棚田を拓き、また一部の難民たちは、海を渡って逃げ延びた。その後も大陸で戦乱が起こるたびに、海の向こうに活路を開こうとする人々が後を絶たなかったことだろう。そして彼らは、たどりついた日本で、生きるために稲作を始めたはずである。

当時の日本はすでにイネは伝わっていたが、この大陸からやってきた多くの人々によって技術が各地にもたらされ、稲作は発展し、広がっていったと考えられているのである。

鉄の発見

稲作と切っても切れない関係にあるものに「鉄」がある。大陸からは、稲作の技術とともに、「鉄」の技術が日本に伝えられた。稲作の発展は、鉄によってもたらされたのだ。鉄の鍬《くわ》がなければ、木製の鍬を使うしかない。木製の鍬は、土が固ければ割れたり、砕けたりしてしまう。しかし、硬い鉄の鍬であれば、どんな土でも耕すことができる。鉄の鍬というのは、当時の人たちにとっては画期的な大発明だったのである。

現代人の生活からすれば、鉄は当たり前すぎて、鉄を使うというのは何でもないような感じがするかもしれない。しかし、そうではない。

たとえば、あなたがもし無人島で、一人で過ごすことになったとしたら、どのようにして鉄を手に入れることができるだろう。鉄の原料は砂鉄や鉄鉱石に含まれる酸化鉄である。これを加熱することで還元反応が起こり、鉄を得ることができるが、現代人であっても、酸化鉄から鉄を取り出せと言われても、どうしていいかわからない。

鉄とは不思議な存在である。

タイムマシンに乗って、生命が生まれたばかりの地球に思いを馳《は》せてみよう。

二八億年前、太陽の光で光合成を行うシアノバクテリアが、地球上に誕生した。これが植物細胞の中にある葉緑体の起源となっている生物である。植物の祖先であった単細胞生物はシアノバクテリアを細胞内に取り込むことによって光合成を行う植物へと進化を遂げていくのである。このシアノバクテリアの光合成によって、大量の酸素が産出された。そして、海中に溶け込んでいた鉄イオンは酸化鉄となって海中に沈んでいったのである。その後の地殻変動によって、酸化鉄が堆積して作られた鉄鉱床が、地上に現れる。人類はこれを見つけて、鉄を得るのである。

人類はいったいどのようにして鉄を利用する方法を身につけたのだろうか。これは、まったくの謎である。

しかし、人類は「鉄」を手に入れた。鉄は農業の生産性を上げるとともに、武器にもなる。兵糧《ひょうろう》となる「米」と武器となる「鉄」は、まさに権力の象徴となっていくのである。

弥生時代からの技術

用水路を引いた水田の形や、鍬や鋤《すき》といった農具など、弥生時代に構築された稲作の基本技術は、驚くことに戦後、農業が近代化され、トラクターなどの機械の導入や化学肥料・農薬が使われる昭和の時代になっても、ほとんど変わることなく引き継がれてきた。

ただ、大きく違うのは収穫作業である。

弥生時代の稲作といえば、教科書では「石包丁」がおなじみだろう（図13）。

今では、機械が地際から稲株を収穫していく。また、人力で収穫する場合も、鎌を使って地際から稲刈りをする。しかし、弥生時代には、石包丁というナイフのような道具で、稲穂だけを摘み取っていたのである。

稲穂だけを摘み取っていたのには理由がある。

図13　石包丁での収穫

野生の植物というのは形質がバラバラである。もし形質が揃《そろ》うと、環境の変化で全滅してしまう危険がある。そのため、寒さに強いものや暑さに強いもの、病気に強いものなど、さまざまな形質の個体で集団を作るのである。さらには、稲穂の熟す時期もバラバラである。ある株は早い時期に穂をつけて成熟するし、ある株はゆっくりと穂をつける。こうして、種子を作る時期をずらすのである。そのため、田んぼの中で熟した穂を探し回りながら、石包丁で一つ一つを摘み取っていく必要があるのだ。

しかし、これではあまりに効率が悪いので、イネの形質を揃える努力が払われてきた。たとえば、早く穂を出した稲穂から籾《もみ》を取って、翌年に種を播《ま》き、また早く穂を出した稲穂から籾を取って種子とする。これを繰り返していけば、同じくらいの時期に穂を出す個体が増えていくことだろう。しかし、多様性を持つ不均一なものを、均一に揃えるということは、一方では、全滅するリスクが高まるということである。そのため、古代の人々は収穫作業の不便さを承知の上で、あえてバラバラな形質を維持してきたのだ。しかしその後人々はイネの形質の均一化を図るようになった。これは、全滅のリスクを減らせる程度に、稲作技術が発達してきたという証拠でもある。

やがて古墳時代になると、稲刈りは大陸から伝えられた「鎌」という道具を使って、地際から収穫されるようになる。

これは、やがて日本人の生活に革命的な出来事を起こす。

地際から収穫することによって、イネの茎である藁《わら》を使うことができるようになったのだ。やわらかくて丈夫な藁は、加工すればさまざまに利用することができる。米を入れる俵も藁から作ることができるし、草鞋《わらじ》や筵《むしろ》、蓑《みの》などを作ることもできる。

こうしてイネの性質が均一化され、地際から収穫されることは、日本人の暮らしにも影響を与えていくのである。

巨大なクニの出現

米という富は支配する支配者と、支配される被支配者という階層を生んだ。そして、富は支配者に集中し、余剰の富が生じる。たくさんの米を持つ者は、権力と富の象徴のような鉄を手に入れる。そして、鉄を手に入れた者は、さらにたくさんの米を得ることができるのだ。富を持つ支配者は被支配者を使って、ため池を作り、水路を引いて田を拓いて行った。こうして米が増産されれば支配者はさらに富を得る。さらに食糧が増えれば人口も増えて、労働力も豊富になる。支配者は富と労働力を集め、ますます権力を手に入れていく。

そして、あり余る豊富な富と労働力を利用して、支配者となった王は、自らの権力を顕示するための巨大な古墳を作るようになる。

古墳時代の到来である。

強い者は弱い者を支配し、強い者もより強い者に支配されていく。

各地にあったクニを統合し、巨大な大和政権を作り上げた。そして、大和政権は各地の豪族を取り込みながら、全国へと拡大していったのである。

クニが大きくなれば、支配をするための仕組みを作っていかなければならない。大和政権は、先進国である中国の制度を取り入れながら全国を支配していった。

このとき、国家の統一のために利用されたのが「仏教」である。先進国である中国文化は仏教と深く関わっていた。仏教は新しい時代を作る、新しいものとして利用されたのである。

大和政権は米が大好き

日本は米が主食であり、米が日本の文化の根幹にある。

この考え方は、ある部分では正しく、ある部分では正確ではない。

日本列島は急峻《きゅうしゅん》な山地や、台地の地形も多く、実際には水を引いて田んぼを作ることのできない場所も多い。そのような場所では、麦や雑穀、蕎麦《そば》などを作って主食としてきた。米を作ることのできる場所は限られていたのである。

しかし、日本を支配した大和政権が拠点とした奈良盆地は、水田を拓くことのできる場所であった。また、奈良盆地は、ため池を作り水路さえ引けば、新たな場所にも水田を拓くことができる場所である。そのため、大和政権にとって、米は力を注げば手に入れることのできる食糧であった。そして、米を重要視した大和政権の価値観によって、米は重要で神聖なものであるという考え方が、全国へと広がっていったのだ。

日本全体を考えれば、田んぼも米も常に不足していたから、誰もが米を食べることができたわけではない。日本人が十分に米を食べることができるようになったのは、米が余り、減反政策が始まる昭和三〇～四〇年代の高度成長期以降のことなのである。ほんの半世紀前まで、日本の歴史では、ずっと米が足りなかったのだ。

日本人は米を常食してきたわけではなかったし、米を食べられない人もたくさんいた。しかし、米に恋い焦がれ、羨望してきた。こうした憧れも手伝って、米は日本の文化の礎になってきたことは間違いないのである。

そして、大和政権が統一国家を築いて以降、いかに米を食べていくかが、長い間、この国の命題となっていくのである。

北限の稲作地帯

米は日本人にとって重要な食糧である。

米は主食であるというだけでなく、日本人にとっては単なる食糧を超えて神聖なものであり、大切なものであった。「米は日本文化の礎」「米は日本人の魂」などと言われるくらいである。

しかし、日本人ほど米を特別視する国も珍しい。また、日本人はよく米を食べる。米の生産地である中国やインド、タイなどでも米は数ある食材の中の一つに過ぎない。一方、日本の伝統的な食生活を見ると、大盛りのご飯さえあれば、あとは汁物と漬け物ということも多い。

どうして、日本人はこれほどまでに米を大切にしてきたのだろう。

イネはもともと熱帯原産の作物である。気候に恵まれた熱帯地域は食べ物が豊富にある。そのため、イネはたくさんある食べ物の一つにすぎない。

これに対して、熱帯から伝えられた日本はイネの栽培の北限地域である。イネは優れた作物であるが、栽培をするためには努力を必要とする。しかし先述したように、縄文時代の環境により、イネは手放せないものとなった。そのため、日本人にとって、イネは特別な食べ物だったのだ。そして、イネを大切にして、手を掛けて栽培したのである。

それでは、同じイネの北限である東アジアの中国や韓国はどうだろう。

中国や韓国は北方地域になるとイネの栽培が難しくなる。日本でも寒冷な北の地域ではイネの栽培は困難である。しかし、日本を永らく支配した大和政権は関西にあり、イネの栽培に適した場所にあった。これに対して中国や韓国は、イネを作らずに畑作を基本とする北方の地域が国を支配する時期があった。そのため、イネがすべてという思想にはならなかったのである。

現在でも中国料理や韓国料理は、米はたくさんある食材の一つであり、日本の定食のようにご飯が主役になるということは少ない。

肉食の禁止

仏教が食生活に与えた影響の一つに「肉食の禁止」がある。肉食の禁止は無駄な殺生を禁止するという仏教の考え方に基づいている。

しかし、仏教は肉食を禁止しているわけではない。

もともとの仏教の教えでは、出家者は俗世の欲を否定するために最低限のものだけを所有し、農業などの労働も禁止された。そして、食事を得るために出家者は托鉢を行ったのである。この生活では、与えられたものが肉であれば、ありがたく肉を受け入れる。仏教が禁止しているのは、肉食ではなく、「むやみに殺すこと」だったのである。

僧が修行のため、鉢を持って家の前に立ち、経文を唱えて米や金銭の施しを受けて回ること。

ただ、不必要な殺生を禁止したインド仏教では、殺生のイメージが強い肉を食べない菜食主義が広がっていった。そして、仏教経典の一つである「大乗涅槃経《だいじょうねはんきょう》」で肉食の禁止が説かれるのである。

「不必要な殺生はしない」というインド仏教の教えは、やがて中国に渡ると「肉食の禁止」という形で慣習化する。

権力者たちが、目まぐるしく覇権を争っていた中国大陸では、権力者が代われば仏教が弾圧されるということが頻繁に起こった。そのため、中国の寺院は、弾圧を逃れて山岳地帯に展開していったのである。現在でも中国では険しい山に寺院があるイメージがあるし、遣唐使として中国で仏教を学んだ空海や最澄も、高野山《こうやさん》や比叡山《ひえいざん》といった山岳地帯に寺院を建立《こんりゅう》した。

しかし、山岳地帯で修行をするには問題がある。

前述したように、仏教は、俗世から離れるために労働を禁止し、托鉢に頼って生活をしていた。しかし、山岳地帯では托鉢をしようにも周辺に人々がいない。そのため、畑を耕し、自給自足の生活をしなければならなかったのである。そこで、生まれたのが「精進」という考え方である。つまり、畑仕事や台所仕事の労働が修行の一環であるとしたのである。

こうすると、労働をしてはならないという戒律を失ってしまうし、畑仕事をして土を耕せば、無意識のうちに畑の虫たちを殺生することになる。そこで、その罪滅ぼしとして、新たな戒律として生まれたのが「肉食の禁止」だったのである。しかし、それは山深い場所に開かれた寺で修行する僧だけが守るものだったのである。

ところが日本では、肉食禁止が、広く庶民にまで取り入れられてしまった。

この肉食禁止という、外来の大きな禁忌を受け入れることができたのは、日本では弥生時代から稲作期間中に動物を殺すと、イネの生育が妨げられるという古代の信仰があったからだとも考えられている。

米が支えた肉食の禁止

仏教伝来以前から、米を重視し、肉食を遠ざけてきた日本人。しかし、この習慣には、米の栄養が関係する。

人間の体内で合成できないアミノ酸を必須アミノ酸と言う。必須アミノ酸は、食品から摂取しなければならない。

パンやパスタの原料となる小麦は米と同じ穀類であるが、麦類は米に比べて必須アミノ酸の含有比率が低い。アミノ酸は、タンパク質の材料となる物質だから、麦を食べる場合には、肉類などのタンパク質を摂取する必要があるのだ。

そのため、麦類を栽培するヨーロッパでは、家畜の肉を食べたり、乳製品を摂取することが不可欠となる。こうしてヨーロッパでは麦類と牧畜とを組み合わせた農業や食生活が営まれてきたのだ。

一方、米は必須アミノ酸の含有比率が麦類に比べて高く、ほとんどの必須アミノ酸を得ることができる。そのため、米は完全栄養食と言われるのである。

つまり、米だけ食べていれば、必要な栄養を摂取することができる。そのため、日本人は米を主食とした食生活を営んできたのだ。

ただし、米は必須アミノ酸の中で、唯一リジンが低いという欠点がある。

このリジンを豊富に含んでいる食品が大豆である。つまり、米と大豆を組み合わせたとき、本当の完全栄養食となるのである。

そういえば、日本の食生活は米と大豆の組み合わせで構成されている。

味噌《みそ》は大豆から作られる。ご飯と味噌《みそ》汁という日本食の伝統的な組み合わせは、栄養学的にも理にかなったものなのだ。

他にも大豆から作られるものには、納豆やきな粉、醬油《しょうゆ》、豆腐などがある。ご飯に納豆、お餅にきなこ、煎餅に醬油、日本酒に冷や奴《やっこ》……。私たちが昔から親しんできたこうした料理は、すべて米と大豆の組み合わせなのである。

田んぼを拡大したい

大化の改新以降、天皇を中心とした律令《りつりょう》国家づくりが行われていく。

この律令制度が確立し、天皇を中心とした国家運営が本格的に行われたのが、奈良時代である。

奈良時代に続く平安時代は、三〇〇年近く続くが、奈良時代は七一〇年に平城京に都が開かれてから、七九四年に平安京に遷都するまでの、わずか八四年である。少し長命な人であれば、飛鳥《あすか》時代、奈良時代、平安時代と三つの時代を生涯で生きることも可能だった。

この短い時代に、何があったのだろう。

七一〇年の平城京への遷都に先立って、七〇一年に作られたのが「大宝律令《たいほうりつりょう》」である。大宝律令は、中国の律令に習って作られた。

この大宝律令で制定されたのが、班田収受法《はんでんしゅうじゅほう》である。班田収授法では、すべての土地は天皇のものであるとし、私有地を禁止した。そして、人々には、口分田《くぶんでん》という形で土地が与えられ、その土地から税が徴収されたのである。

しかし、与えられたとはいっても、所詮《しょせん》は人の土地である。また、すべての人々に平等に土地を分け与えるのは難しい。人口が多い地域では、十分な面積を分け与えることはできないし、近隣に土地を確保することができずに遠隔地の土地を分け与えられることもあった。

こうなると、農民はイネを作る意欲が湧《わ》かない。

イネは放っておいてもできるほど粗放的な作物ではない。手を掛ければ掛けるほど、収量を得ることができるが、一方で、手を抜けば収量は簡単に減ってしまう。国の土地を貸し与えるという口分田では、安定した税は得られないのである。

そこで出されたのが、新たに開墾すれば三世代の間は、自分の土地として所有することができるという三世一身法《さんぜいっしんのほう》である。しかし、三世代経《た》てば、結局田んぼは国に取られてしまうから、人々は田んぼを耕さなくなってしまう。

そこで、墾田永年私財法《こんでんえいねんしざいほう》が出され、開墾した土地は、永久に所有できることになったのである。国としては、新たに開墾された土地から税を取ることができるので、私有田が増えれば増えるほど、税収がもたらされる。

人々はこぞって、開墾をし、所有する私有田を増やしていった。この私有田が「荘園《しょうえん》」である。

しかし、私有地が増えてくると、国の統率ができにくくなってくる。荘園の中には、税の免除を認めさせるような土地も出てきた。

税を徴収する国司《こくし》よりも地位の高い人に土地を預ければ、税を免除される。そのため有力な貴族に土地が寄進されていったのである。こうして有力な貴族は力を増していった。そして貴族社会を支配していったのが藤原氏である。

一方、地方に派遣された国司は、私利私欲のために過剰な税を取り立てたり、自分は都に残り、代わりの者を地方に派遣したりしていった。こうして、都から離れた地方の政治が荒れ果てて無法地帯と化していく中で、国司から身を守るために農民や豪族は武装化を図っていった。一方、武力には武力で対抗すべく、国司もまた、自らを守るために、武装化した人々を雇うようになる。

こうして誕生するのが、後に活躍する平氏や源氏などの武士なのである。

新しい村々の誕生

鎌倉時代になると、製鉄技術が発達し、それまで一部の人しか手にすることのできない絶対的な権力の象徴であった「鉄」が庶民にも普及するようになった。そして、鉄の鍬や、鉄の鎌を手に入れたのである。

国家権力が軍事利用していただけのインターネットが一般に開放されたり、GPS技術が一般に普及したこと以上の大革命である。

人々は、鉄を使って新たに土地を開拓し、新たに村を作っていった。そして、米の生産量は飛躍的に伸びていくのである。

やがて、鎌倉幕府は全国に、守護、地頭を配置する。ただし、逃亡している謀反人《むほんにん》の源《みなもと》義経《よしつね》を探し出すためという名目で各地に設置された守護は謀反人の逮捕という権限しかもっていなかった。しかし、室町幕府は、この守護に地方武士を統制するための権限を与えていく。そして守護は、守護大名として力をつけていくのである。

もはや奈良時代に構築された中央集権的な支配は難しくなり、力のある者が支配をする時代となっていく。そして、やがては地域分権的な戦国大名が生まれていくのである。戦国時代の到来である。

群雄割拠の戦国武将の中で、天下統一を果たそうとしたのが、織田信長である。織田信長は兵士と農民とを分業化する「兵農分離」を行った。

それまでは、戦いとなれば農民たちが徴兵されて参戦していた。しかし、それでは田植えや稲刈りなど農作業が忙しい時期には、農民を集めることができないし、戦死者が多ければ、農業の生産力も落ちてしまう。そこで、織田信長は農業を行わない「常備軍」を設置した。こうすることで、農業の生産力を維持しながら、農作業の時期にもかかわらず一年中、戦さをすることができる。さらに、兵士たちは日々、戦うための訓練を行い、強大な軍隊を作り上げたのである。

こうして、織田信長が農業を行わない武士集団を作り上げたのに対して、豊臣《とよとみ》秀吉は、さらに武力を持たない農業を行う専門集団の農民を作りだすために、武器を取り上げる刀狩りを行った。そして兵農分離を進めるために、城下町を作って、武士を農村から離して住まわせ、農業を行う農村地帯と都市とを、明確に分けたのである。

お米で決めた単位

戦国時代に天下統一を目指す天下人にとって重要だったのは、再び中央集権的な規律を取り戻すことである。

そこで豊臣秀吉が行ったのが、「太閤検地《たいこうけんち》」である。太閤検地は、それまで続いていた荘園の制度を廃止し、農民から直接、年貢を取り立てる制度でもあった。

田んぼの面積を表す単位に「反《たん》」がある。一反はおよそ一〇アール（一〇〇〇平方メートル）に換算される。

この反という単位は、水田に限らず、現在でも日本の農業の基礎となる単位である。

この「反」を定めたのが、太閤検地である。

太閤検地で定められて、現在でも使われている単位に「坪《つぼ》」がある。坪は、土地を買ったり、家を建てたりするときに使われる単位だ。一坪は約三・三平方メートルである。

この反や坪は、もともとお米の量から計算されている（図14）。

お米の量の単位に「合《ごう》」がある。一合はおよそ一五〇グラムである。「合」は、おおよそ一人が一食に食べるお米の量を目安に決められている。

一合は容積ではおよそ一八〇ミリリットルとなる。一〇合は一升《しょう》。お酒や醤油の「一升びん」という言葉は一〇合のことだ。さらに一〇升で一斗という単位になる。灯油などを入れる「一斗缶」という言葉がなじみぶかいだろうか。

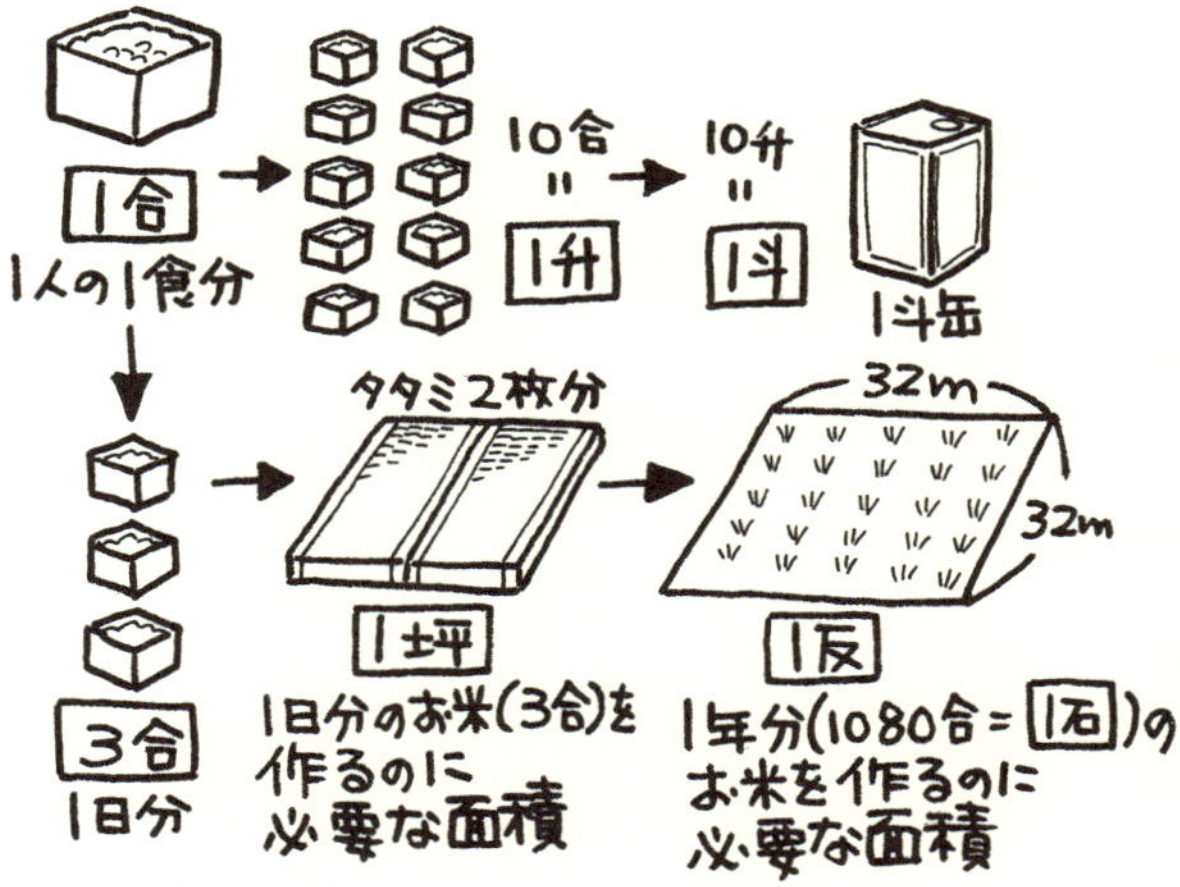

図14　単位が米で決まる

さて、一食に食べる量を一合とすると、一日三食で三合である。この一人が一日分に食べるお米を作るのに必要な田んぼの面積が「一坪」である。昔の暦では一年が三六〇日だったので、一人が一年で食べるお米の量は、三合×三六〇日＝一〇八〇合となる。このおよそ一〇〇〇合の量が、一石《ごく》である。

「加賀百万石」というように、大名の力は「石高《こくだか》」で表されたが、これはお米の収量を基準にしている。つまり、一〇〇万石というのは、一〇〇万人を一年間養えるだけの米の生産量があるということなのである。

石高は面積ではなく、あくまでも米の生産量である。

たとえば、戦国時代には、尾張《おわり》の面積は三《み》

河や駿河の半分、伊豆と同じくらいである。伊豆の石高は七万石、駿河は一五万石、三河は三〇万石である。これに対して、尾張の石高は五七万石である。水利に恵まれた尾張では狭い面積でも、高い石高を誇っていたのである。

そして、田んぼの面積である一反は、一石の米がとれる面積を基準としている。つまり、一反あれば一人を食べさせることができる。一〇反あれば、一〇人を食べさせることができる。こうして、養うことのできる人間の数がわかるように基準が定められていたのである。そして、米一石が買える金額を一両と定めた。米の生産量が、軍事力や財力の基礎となったのである。

一石は、約一五〇キログラムである。つまり、当時の人々は一年間に一五〇キログラムものお米を食べたことになる。ちなみに、現代人は一年間に六〇キログラムしか食べないから、かつては現在の二・五倍の量の米を食べていたことになる。

一方、見方を変えれば、当時は一反で一五〇キログラムしか米がとれなかったということになる。

米の品種改良や栽培技術の向上によって、現代では一反で平均五〇〇キログラムものお米がとれる。一人六〇キログラムしか食べないので、これは当時の三倍以上である。太閤検地のときは一反は一人を養う面積として定められたが、今では一反で約八人を養うことができるのである。

こうして、米を基準とした単位が定められると、山の面積も、屋敷の面積もすべて米を基準とした単位に換算されていく。そして、不規則な田んぼの面積を測り、あらゆるものを米に換算するために、日本独自の数学である「和算」が発達していくのである。

米はお金の代わりだった？

石高を競う戦国武将にとって石高を高める方法の一つは、戦いによって隣国を奪って領地を広げることである。戦さというリスクはあるが、勝利すれば簡単に石高を上げることができる。しかし、戦国時代も終盤にかかり、国境が定まってくると、簡単に領地を増やすこともままならない。

もっとも、戦国武将にとって重要な石高は、領地の面積ではなく、米の生産量のことである。つまり、領地は増えなくても、田んぼが増え、米の生産量が増えれば、自らの力を強めることができるのである。そこで戦国武将たちは、各地で新たな水田を開発していく。

戦国時代は、各地に山城が作られた。堀を作り、土塁《どるい》を築き、石垣を組んで、城を作る。

こうした土木技術の発達によって、これまで田んぼを作ることができなかった山間地にも水田を拓くことが可能になったのである。こうして作られたのが「棚田」である。

戦国時代から江戸時代の初めにかけては、全国で棚田が築かれている。堀を作る技術によって、水路を引くことができるようになり、また、土塁を築く技術で畦《あぜ》を作り、傾斜地に水をためることができるようになった。そして、石垣を組むことでさらに強固な田んぼを作ることができたのである。中には城の石垣の武者返しのように、上に行くほど垂直になるように組まれているものさえある。武者返しにすることで、少しでも石垣の上の田んぼの面積を広くしようとしているのである。

また、河川に土手を作り、洪水を防ぎ、洪水地帯を水田に変えたり、人工河川を作って水のないところに「新田」と呼ばれる水田を拓いていったのである。

どうして米が大切なのか

どうして、戦国武将たちは、こんなに熱心に水田づくりを奨励したのだろうか。

それは、「米」は単なる食糧ではなく、「貨幣」そのものだったからである。田んぼを拓き、米を作ることは、まさに、お金を生み出すことと同じだったのだ。

そして、領内に田んぼを持つことは、経済力を持つことであり、それは兵力に直結した。現在でいえば、「お金」を意味する米を産み出す田んぼを作るということは、投資効果のあることだったのである。だから、武将も領民もこぞって、田んぼづくりに励んでいった。

米の価値を基本とする経済を「米本位制」という。

鎌倉時代から室町時代くらいまでは貴金属の金《きん》や銅貨が用いられていたが、戦国時代になって経済活動が盛んになってくると、希少で高価な金や銅だけでやり取りすることには、不都合が生じてきた。そしてそれらに代わって米を価値の基準としたのだ。

お金を使い慣れている現代人にとっては、米が貨幣の代わりというのは、奇妙な感じがするかも知れない。しかし、私たちが使う紙幣は誰もが価値を信じているから一〇〇〇円や一万円のものと交換できるだけであって、冷静に考えてみればただの紙切れである。

それに比べれば米は食料である。金持ちも貧乏人が作る食料がなければ死んでしまう。食べ物というのは普遍的な価値があるのだ。

実際に、太平洋戦争の戦後の混乱期には、戦時中に発行された紙幣が、ただの紙切れとなったし、食料不足の状況下では食べることのできる米の方が、食べることのできない貨幣や高価な着物よりもずっと価値が高かった。

戦国時代にも、紙幣は信用の低いものであった。特に当時は、貨幣が統一されておらず、地域によってさまざまな小判や金銭が流通していた。価値が安定しておらず、混ざりものや偽物かも知れない小判よりも、米の方がずっと信用できる存在だったのだ。

そして、天下統一を進めていた織田信長や豊臣秀吉は米本位制を整備していった。そして、徳川幕府の時代には米本位制が完成するのである。

米が貨幣になった理由

江戸時代には米が貨幣として機能する米本位制の経済が確立した。

米は日本人の主食ではある。しかし、他に食べ物はいくらでもあるから、米がなければ死んでしまうというほどのものではない。実際に、田んぼを拓くことができずに、麦や雑穀、蕎麦《そば》などが主食だった地域も少なくない。それでも他の食べ物ではなく、米が貨幣として利用されたのには理由がある。

それは、米は野菜や果物のように腐ることもなく、長期間の保存が利き、長距離の運搬が可能だからである。

さらに、米本位制には良い面もある。経済が発展したとは言っても、突然の自然災害や飢《き》饉《きん》のある江戸時代のことである。経済活動が、あまりに貨幣や金に重きを置いてしまうと、お金はあっても人々が飢えてしまうということも起こりうる。一方、米が経済の中心であれば、諸藩は経済を活性化させるために、食糧増産に取り組むことになる。こうして安定的な経済基盤と安定した食糧供給を築こうとしたのである。

しかし、次々に田んぼを作っていくことは、無制限に貨幣を印刷しているのと同じことである。諸藩が新田開発を行って米が大量に生産されることにより、供給過剰となって、やがて米本位の経済は不安定になっていく。

年貢高は、検地によって定められていた。しかし役人の目が届かないところに隠し田が開発されたり、農業技術の発達によって米の収量が増えると、実質的に年貢として納める割合は減少していくことになる。こうして農民にも余裕が出て、元禄《げんろく》文化の繁栄がもたらされるのである。

しかし、バブルはやがてはじける。

さらに米の生産量が増加して米が余り始めると米の価値が目減りし、米の価格は下がる一方で、米以外のものは物価が高くなる。つまりインフレが起こってしまうのである。

そこで、米将軍と呼ばれた徳川吉宗《よしむね》は米の価格を上げるために、享保《きょうほう》の改革を行い、経済の立て直しを迫ったのである。

昔の精米技術

第一章の43ページでは、私たち日本人が赤米や黒米などの有色米から白い米を選んで作ってきたことを紹介した。「白米」は白い米という意味の言葉だが、すでに白い米を選び出した日本人にとっては、白米は玄米に対する言葉である。

日本人は古くから玄米ではなく、精米して白米を食べていたと考えられている。

玄米を炊くのは時間が掛かるため、燃料を必要とする。そのため、手間を掛けても精米をした方が、効率が良かったのである。しかし、きれいに精米をすることは難しかったから、米ぬかが多少残る今でいうと分つき米のようなものを食べていたらしい。高貴な人々はきれいに精米した白米を食べていたが、一般の人々が食べる精米した米は「黒米」と呼ばれていた。現在では、イネを収穫した籾から、籾がらを取り除く「籾すり」と呼ばれる作業で玄米を作り、玄米を精米して白米を作る。しかし、杵《きね》と臼で籾をついて籾がらを取る作業では、きれいに玄米だけを取り出すことは、かえって難しい。そのため、籾がらを取りながら、精米作業も同時に行うような形で、分つき米を得ていたのである。

しかし、江戸時代頃になると、精米の技術が発達し、誰もが白米を食べることができるようになった。そして、精米していない玄米を黒米と呼ぶようになったのである。

江戸患いの謎

ちょうどこの頃、地方から江戸に出てきた人たちは、手足がむくんで麻痺《まひ》し、倦怠感《けんたいかん》に襲われるという症状に悩まされた。ところが、病にかかった人々が、故郷へ療養に戻ると、不思議なことにこの病気は治ってしまった。そのため、この病気は江戸の風土病と考えられ、「江戸患い」と呼ばれるようになったのである。

明治時代になると、この病気は東京だけでなく、全国的に広がるようになった。特に問題になったのが、軍隊である。軍隊では、この病気にかかる人が多く、多数の死者が出るまでになってしまった。兵士が病気で死んでしまっては、国力にかかわる。

そこで、陸軍医の森林太郎は、この原因となる病原菌を探したが、ついに見つけることができなかった。多くの兵士たちが、次々とこの病気で命を落としたのである。

この陸軍医こそが、『舞姫』などの名作で有名な文豪の森鷗外《もりおうがい》である。

この病気の原因は、何だったのだろうか。

この病気はビタミンB_1不足によって引き起こされる脚気《かっけ》であった。玄米に近い分つき米を食べていた人々は、米ぬかに含まれるビタミンを摂取することができる。しかし、精米技術が発達し、米ぬかが完全に取り除かれるようになると、人々はビタミン不足になってしまったのである。

江戸時代には、精米技術が未発達であった地方ではこの病気は見られなかったが、きれいな白米を食べることができた江戸では、ビタミン不足が問題になった。明治時代になって、進んだ精米技術が全国に広まると、江戸患いもまた、全国へと広がっていった。そして、きれいに精米された白米を食べる軍隊では、脚気が問題になったのである。

この病気の原因が白米にあるのではないかという指摘は軍隊の中でもあったが、白米は優れていると信じていた森林太郎は、病気の原因にたどりつくことができなかったのである。そして、米ぬかに含まれるビタミンB_1は、鈴木梅太郎《うめたろう》という日本人の農芸化学者によって発見された。

鈴木梅太郎は、この物質をイネの学名オリザから、オリザニンと名付けた。しかし、脚気の原因が病原菌にあると考えていた日本では、彼の業績は無視されていた。そして、一年後の一九一一年、ポーランドの生化学者カシミール・フランクが同じ物質を発見し、生命（ビタ）に必要な有機化合物（アミン）という意味から「ビタミン」と名付けるのである。

米作りへの執念

現在、私たちが住む日本の平野の多くは、江戸時代に水田として拓かれたものである。その苦労は並大抵のものではなかっただろう。

もっとも、田んぼを作る苦労は明治時代以降になっても変わらなかった。

現在、米の生産量の日本一は新潟県である。新潟県に広がる新潟平野は米の一大産地として有名だ。

しかし、新潟平野は信濃川《しなのがわ》、阿賀野川《あがのがわ》の氾濫原の広大な低湿地であった。とてもイネを作れるような場所ではなかったのである。人々はそんな土地で、沼の中に胸まで泥にもぐりながらイネを植えていった。植えても植えても雨が降れば、イネは水に流され、泥に沈んだ。そして、水につかって刈ったイネは船の上に乗せるしかない。まさに水との戦いである。「あそこの村に行くときは土産として、重箱に土を詰めて持っていけ」と言われるほど、土は貴重だったのだ。

明治時代になると、蒸気機関による排水ポンプをいち早く導入し、排水を行った。しかし、水との戦いが終わることはなかったのである。新潟平野の田んぼでまともな米作りができるようになったのは、昭和三〇年代以降に電動の排水ポンプが導入されてからなのである。こうして水と戦いながら、苦労して作った米ではあったが、排水の悪い田んぼで作られた新潟平野の米は、決して質の良いものではなかった。そして、鳥も相手にしないほどまずい米という意味で、「鳥またぎ米」と揶揄《やゆ》されたのである。

今日、新潟県がコシヒカリというブランドを有する米王国として名を馳せていることからは、想像もつかないような血のにじむような努力があったのである。

北の大地の挑戦

新潟に続く米の生産量、第二位は北海道である。

しかし、北海道が米の生産地として名を馳せるようになったのは、ごく最近のことである。今より温暖だった縄文時代の東北地方の遺跡では稲作の痕跡が発見されている。しかし、北海道の遺跡からは稲作の痕跡はまったく発見されていない。おそらくは、当時の気候であっても北海道は、稲作を行うには寒すぎたのだ。

イネは熱帯原産の作物で、温暖な気候を好む。

江戸時代には、米の生産が試みられたがいずれも成功しない。そのため、北海道での稲作は絶望と結論付けられた。

やがて明治時代になって北海道の開拓が本格化したときには、不可能とされた「稲作」は禁止された。米を作るという不確かな夢を見るよりも、欧米式の畑作や畜産を導入しようとしたのである。

しかし、禁止されても米を作りたいという開拓民たちの情熱はなくなることはなかった。中には、稲作を試みて逮捕された者もいるという。しかし、そうした中でも、人々は米作りへの挑戦をやめなかった。そして、明治六年（一八七三年）に初めて稲作に成功し、ついに北海道で稲作をすることが認められるのである。

稲作に成功しても、寒冷な土地での稲作は困難を極めた。

冷害に次ぐ冷害で、北海道の稲作は壊滅的な被害を受け続けた。そんな苦労の末に昭和三六年（一九六一年）に北海道は、新潟県を抜いて日本一の収穫量を記録するのである。

北海道では、寒さに強い品種を作る必要がある。そこで、味は二の次で生産された北海道の米は、まずいと言われてきた。北海道の米もまた、鳥も相手にしない「鳥またぎ米」やネコも食べない「猫またぎ米」と呼ばれていたのである。

「美味《おい》しい米を作る」これが北海道の悲願であった。その夢を実現させたのが平成二年（一九九〇年）に登場した「きらら397」である。きらら397は、まずいと言われ続けてきた北海道の米のイメージを一新させた。その後も、北海道は精力的に新しい品種の育成に力を注ぎ、今では、北海道の米は美味しい米として有名である。

産地の北進

イネはもともと熱帯原産の作物である。北海道や東北、北陸などの寒冷な北日本でイネを作ることは容易ではなかった。しかし、現在ではそんな寒冷地が良質な米の産地となっている。

どうして寒冷地ではおいしい米がとれるのだろうか。

寒冷な土地で稲作が可能になるには、栽培技術の改良や、新しい品種の開発など、先人たちのさまざまな努力が必要であった。

お米の主成分であるデンプンは、植物の光合成によって作られる。光合成が盛んになるには、光と温度が必要である。夏の強い光と高温で、イネは盛んに光合成を行う。

そして夜になると、イネは昼間、葉に蓄えた糖分を、米粒へと移動させるのである。これは「転流」と呼ばれている。

ところが、である。熱帯夜が人間にとって寝苦しいように、植物も夜の温度が高いと、盛んに呼吸をする。そして、呼吸することで、光合成によってせっかく作った糖を消耗してしまうのである。

ところが、夜の温度が低いと、呼吸が抑えられて、糖の転流がスムーズに行われる。そのため、夜の温度が低い地域の方が、米が充実して、おいしいお米ができると言われているのである。

よく、棚田などの山間地の米はうまいと言われるが、これも山間地では昼間の気温と、夜の気温との温度差が大きいためである。

第五章　米と日本人

今まで見てきたように、米は日本人の生活に深く入り込み、社会の形成や歴史の展開、あるいは人々の物事の捉《とら》え方においても、欠くことのできない存在であったことがわかってもらえただろう。

米は日本の文化の礎だと言われることがあるが、それは、やや大袈裟《おおげさ》すぎるかもしれない。とはいえ、日本や日本人のことを考えるときに、重要な視点の一つではある。

この章では、さらに、私たち日本人と米の関わりについて、考えていきたい。

苗字はイネの苗

日本には一〇万種類もの苗字《みょうじ》があると言われている。

それでは、日本人の苗字に最も多く使われている漢字は、何だろうか。

じつは、最も多く使われている漢字は「田」である。

田のつく名前は、文字通り田んぼに由来している。

たとえば、「田中」は田んぼの中の村の中心部を示す苗字である。また、前にある田んぼは前田、横にある田んぼは横田になる。

田んぼは、山から流れ出た水の流れにそって順番に作られる。一番上の田んぼは、上田や山田、真ん中は中田、下の田んぼは下田や平田になった。さらに高いところは高田や岡田、田んぼに水を引くための池の近くは池田、川のそばは川田、開けた場所は原田である。大きな田んぼは大田、小さな田んぼは小田となり、丸い田んぼは輪田（和田）、四角い田んぼは升田（増田）だ。村で共同で管理した田んぼは、村田や神田となった。

あるいは、ヨシが生えた湿地は新田開発によって田んぼが拓《ひら》かれていった。こうしてできたのが吉田や芦田《あしだ》である。また、おいしいお米のとれる田んぼは飯田と呼ばれた。

黒田という苗字もある。クロはやや小高くなった場所のことである。一方、低い場所はシロという。これが代田や白田となった。春田は春の田んぼではなく、新しく開墾した田を意味する「墾田」であり、梅田も梅ではなく、もともとは「埋め田」だった。

このように田んぼの「田」の字はさまざまな苗字に使われている。

全国で二番目に多い苗字である鈴木も田んぼと関係している。

稲刈りが終わって稲束を積んだものを穂積という。そういえば、穂積という苗字もあった。そして、この穂積には来年の豊作を祈って棒を立てた。この木が「スズキ」なのである。

それにしても、どうして苗字は「苗」の字が使われているのだろうか。

苗は草かんむりに田と書く。苗とはイネの早苗のことだ。イネの苗が分かれて増えるように、子孫もどんどん増えて栄えてほしい、そんな祈りを込めてつけられたものが苗字である。そして、力を合せることが大切だった稲作では、血縁集団どうしでグループを作った。言わばこのグループ名が苗字だったのである。

ひな祭りも子どもの日も田んぼの行事だった

三月三日のひな祭りは「桃の節句」と言う。また、五月五日のこどもの日は「端午《たんご》の節句」と言う。

日本には五節句と呼ばれる五つの行事がある。この五節句はもともと中国から伝えられた行事である。中国では奇数は縁起の良い陽の数字であると考えられていた。ところが、物事はあまりに良すぎるとかえって不安になる。そして、縁起の良い陽と陽が重なると、むしろ陰に転じるとして、邪気を払う行事が行われていたのである。

奇数が重なる五節句は、一月一日の元日、三月三日の上巳《じようし》の節句（桃の節句）、五月五日の端午の節句、七月七日の七夕の節句、九月九日の重陽《ちようよう》の節句である。ただし、一月一日は元日なので、日本では、これを別格とし、一月七日を邪気を払う人日《じんじつ》の節句（七草の節句）としている。

五節句は、もともとは中国で定められた暦法だが、米づくりを中心に社会を組み立てていた日本では稲作の農事暦と深く結びついた。

一月七日の七草の節句には、春の七草を摘んで七草粥《ななくさがゆ》を食べる。「せり、なずな、ごぎょう、はこべら、ほとけのざ、すずな、すずしろ、これぞ七草」、南北朝時代の左大臣の四辻《よつつじ》善成《よしなり》の歌で有名な春の七草は、すずなとすずしろがそれぞれカブとダイコンである以外は、セリ、ナズナ、ゴギョウ（ハハコグサ）、ハコベラ（ハコベ）、ホトケノザ（コオニタビラコ）の五種はいずれも冬から春の田んぼの中や田んぼの畦《あぜ》に見られる植物である。

三月三日の桃の節句は、今では女の子のお祭りという意味合いが強いが、もともとは田んぼと関係していた。陰暦の三月は、現在の新暦では四月にあたり、本格的に田んぼの作業が始まる季節である。そのため、薬湯を飲み、体力をつけたのである。

五月五日の端午の節句は、男子が強くたくましい武士に成長することを祈る日であり、今でも男の子の節句というイメージが強い。しかし、端午の節句もまた、もともとは女性の節句であった。

この季節には田植えが行われる。昔は田植えは神聖な作業とされ女性の仕事であった。子どもを産む女性は、豊穣《ほうじょう》を招く力があると考えられていたのである。さらに、梅雨の時期である旧暦の五月は湿気も多く、田んぼの中では虫刺されや皮膚病にも注意が必要となる。そこで、抗菌作用のある菖蒲《しょうぶ》の薬湯を飲み、菖蒲湯に入って体を休めたのである。

七月七日の七夕の節句は、ほおずきの節句とも呼ばれる。昔、ほおずきの根は中絶薬として用いられていた。この時期に女性が妊娠していると、一番忙しい秋の稲刈りの頃に、身重の体になってしまう。そこで七月七日には、ほおずきの根を服用した。

また、九月九日は、旧暦では一〇月にあたり、ちょうど稲刈りの季節となる。そこで重陽の節句には強壮作用のあるキクの花の酒を飲んだのだ。

このように、五節句は、もともとは田んぼの作業の節目に体を休めたり、体に気を配る日だったのである。

「さの神さま」がやってくる

日本人は花見が大好きである。

サクラが咲くと、何だか心がうきうきするし、満開のサクラの木の下には人々が集まって写真を撮ったり、場所取りをして花見を楽しんだり、桜前線の北上を連日テレビが報じたりする。このサクラも田んぼとゆかりのある花である。

そもそも、サクラという名前も「田んぼの神様」に由来すると考えられている。「さ」はもともと田の神や稲魂《いなたま》を意味する言葉である。そのため、古来、稲作に関する言葉には「さ」のつくものが多い。

たとえば、旧暦の五月は「さつき」と言う。これは、田植えをする月に由来している。そして、植える苗は「さなえ」である。さらに、「さなえ」を植える人は「さおとめ」と言う。旧暦の五月は、梅雨の時期である。昔は水の豊富な梅雨の時期に田植えをした。この田植えの時期に降る雨が「さみだれ（五月雨）」である。ちなみに、現在ではゴールデンウィーク頃のさわやかな青空を「五月晴れ」というが、もともと五月晴れは、梅雨の晴れ間のことである。

「さの神」に由来する言葉は、他にもある。

たとえば、「さけ（酒）」や「ささげる」という言葉も「さの神」に捧《ささ》げることと関係していると考えられている。また、「さの神」が帰ってくると「さかえる（栄える）」となるし、「さの神」が祝えば「さいわい（幸い）」となり、千集まれば「さち（幸）」となる。そして、「さの神」がいなくなると、「サない」から「さむい（寒い）」となるのである。

サクラは神様の依代

サクラの「サ」は田んぼの神様である。

一方、サクラの「くら」は依代《よりしろ》（神霊が依《よ》りつくもの）という意味である。つまり、サクラは、田の神が下りてくる場所という意味なのである。稲作が始まる春になると、田の神様が下りてくる。すると枝には美しいサクラの花が咲くと考えられていたのである。

古くから日本には、神様と共に食事をする「共食」の慣わしがある。そして、春になると、人々は神の依代であるサクラの木の下で豊作を祈り、飲んだり歌ったりした。こうして、人々は満開のサクラに稲の豊作を祈り、花の散り方で豊凶を占ったという。これがもともとの花見である。

もちろん、これは神への祈りだけでなく、これから始まる一年間の稲作を前に、人々の志気を高め、団結を図る実際的な意味合いもあったのだろう。

まさに新年度の節目を迎え、親睦を深めるために行われる現代のサラリーマンの花見と同じである。今も昔も花見の本質は変わらないのだ。

そして、サクラの花は、まさに稲作の始まりを告げる合図でもあった。

カレンダーに見慣れた現代人からすると、サクラで季節を知るというのは、ずいぶんと不確かなイメージがあるかも知れない。しかし、日本には飛鳥《あすか》時代に中国から伝えられた暦を、一般の庶民が利用することはなかった。庶民が暦を利用するようになったのは、江戸時代のことである。

もっとも、その暦も月の満ち欠けを基準とした太陰暦だったので、同じ日にちでも、年によって季節がずれた。季節のずれを調整するために一年が一カ月多く一三カ月の年もあったほどである。そのため、暦を頼りに農作業のスケジュールを決めることができなかった。そこで、毎年決まって、農作業が始まる時期に花を咲かせるサクラに着目し、サクラの開花を農作業のスタートの合図にしたのである。

お月見のススキの意味

花見だけでなく、お月見も田んぼが関係している。

お月見は、もともと秋の豊穣を感謝する行事である。しかし、旧暦の八月一五日である中秋の名月は、イネを収穫するにはまだ早い。そこでススキを稲穂に見立てて、飾ったのである。

また、収穫を控えて餅をつくほど十分な米もない。そのため、精米したときなどに、砕けた米の粉を集めて作れる団子を飾るようになったとも考えられている。

それでは、どうして重要な作物であるイネの収穫が終わる前に、収穫を祝うような行事をするのだろうか。中秋の名月の時期には、夏野菜などのほとんどの作物の収穫は終わっている。実のところ、もともと月見は、芋などの畑作の収穫を祝う行事だったと考えられている。

そういえば、「芋名月」といって月見団子ではなくサトイモを飾る風習がある。日本に稲作が伝わる以前は、サトイモが食糧として重要な役割を果たしていた。月見にサトイモを飾るのは、日本に稲作が伝来する以前の古い行事が残っているとも考えられている。

国技の相撲と田んぼの関係

日本の伝統行事を見ると、田んぼが深く関わっているものも多い。

日本の国技である相撲も、イネの神様が関係する神事である。

相撲は俳句では秋の季語である。もともと相撲は秋の収穫のお祭りに奉納されていたのである。そして相撲は、収穫祭だけでなく、翌年の豊作を占うという重要な役割も果たしていた。中には、二つの集団で相撲をとり、勝った方に豊作や大漁など予祝があるというものもある。あるいは、田んぼの神様に見立てて一人で相撲を模倣する儀式もあるし、雨乞いや雨が降ったお祝いに相撲が催されることもあった。

現在の大相撲にも、稲作とのつながりを見ることができる。

たとえば、土俵に上がったときに力士は四股《しこ》を踏む。これは災いを払い、豊作を願うためである。

また、日本の伝統芸能である歌舞伎も稲作と関係している。

歌舞伎は田楽という芸能が元になっている。田楽というのは、田植えの際に歌や踊り、笛や太鼓などでにぎやかにはやしたものである。田植えは単純作業が続く重労働なので、楽しい音楽で鼓舞するとともに、テンポ良く作業をするために効果的だったのだろう。この田楽が、やがて芸能化して能となり、歌舞伎に発展した。日本の芸能も最初は田んぼで生まれたのである。

田植えは神聖な作業だったので、女性たちの仕事だった。そして、男性たちは田んぼの外で歌ったり、踊ったりとはやし立てていたのである。半数の人は農作業をしていないのだから、そう思うと、田植えと言うのもずいぶんと優雅な作業である。

ちなみに田楽の中には、田んぼに棒をさしてその上で踊る高足《たかあし》の舞というものがあった。こんにゃくや豆腐などの具を串に刺して煮込んだ料理が、この高足の舞の姿に似ていることから名づけられた料理が田楽である。この田楽をていねいに「お田楽」と呼んだものが略されて「おでん」と呼ばれるようになった。おでんの「でん」は田んぼの「田」なのである。

稲荷神社にキツネが祭られる理由

稲荷《いなり》神社には、狛犬《こまいぬ》の代わりにキツネの像が置かれている。キツネは稲荷神社の神の使いとされているのである。

「稲荷」という名前のとおり、稲荷神社は、もともとは豊作をつかさどる稲の神様である。神社によっては、稲成や稲生と書いて「いなり」と読む神社もある。

しかし、時代を経て商業が盛んになるに連れて、豊作の神様であった稲荷は、商売繁盛の神様とされていったのだ。

稲荷神社の使いとされているキツネは、古来、神聖な存在とされてきた。キツネは穀物を食い荒らすネズミを退治してくれる。そのため、大切にされてきたのである。

また昔は、春になると田んぼの神様が山から里へと下りてきて、秋になると再び山へ戻ると考えられていた。そのため、春になると里へ下りてくるキツネは、田んぼの神様の使いとしてのイメージと合っていたのである。

ちなみに、肉食のキツネがネズミを食べる益獣であるのに対して、タヌキは雑食性である。そのため、田んぼでの役割のはっきりしないタヌキは、キツネのように神の使いとなることはなかった。大昔はすべての動物が神であるとされてきたが、いつしか稲作の役に立たないタヌキに対する畏敬の念は失われ、畏怖だけが残った。そして、タヌキの地位は落ち、やがては山中の妖怪として扱われるようになってしまったのである。

水を守るヘビ

キツネより古い時代から、信仰を集めていたとされる動物にヘビがある。

キツネが稲荷神社の使いであるのに対して、ヘビは日本最古の神社とされる三輪《みわ》大社の守り神である。また、ヘビを見ると縁起が良いとされたり、ヘビは家の守り神と言われることも多い。

また、お正月に飾る注連縄《しめなわ》は二匹のヘビが交尾する姿を模したものだとする説がある。また、さらに一説には、鏡餅もヘビがどくろを巻いている姿であるとされている。ヘビは古くから信仰の対象だったのである。

キリスト教では、ヘビは悪魔の化身として忌み嫌われている。どうして日本では、ヘビは神の使いとされているのだろう。

ヘビもまた、キツネと同じように穀物を食い荒らすネズミなどの害獣を食べる役割がある。さらに、ヘビは脱皮を繰り返す。そのようすが、生まれ変わり、再生することを連想させることから、神聖な存在とあがめたのである。

それだけではない。

ヘビは、水辺にいることが多く、また長い体が蛇行する川の流れを連想させるので、水を守る水神の化身とも考えられていた。

急峻《きゅうしゅん》な地形を流れ落ちる日本の河川は急流である。雨が降れば、川はたちまち増水し、暴れ川と化して、洪水を引き起こす。かつて日本には、そんな氾濫原の湿地が広がっていたのである。

そして、長い歴史の中で、人々はそんな湿地を田んぼに作り変えていった。

水は農作物を作るために不可欠だが、多すぎる水も困る。日本の国土にとって、田んぼを作る歴史は、激しい水の流れをコントロールすることに他ならなかった。そして、水の神様としてヘビを信仰したのである。

田んぼの神様がやってくる

正月には、門松や注連縄を飾り、神様を迎える。家にやってくる神様は、もともとは、田んぼの神様である。田の神は田んぼの準備が始まる春になると、山から里へ下りてくる。そして、稲刈りが終わり田んぼの片づけがすむと山へ帰っていくとされているのである。

こうして、山と田を行ったり来たりしていた神が、時代を経て平地に田んぼが拓かれるようになり、水田の面積が広がってくると、山から田ではなく、田を耕す家へとやってくるようになったのである。

どうして、田んぼの神様は山と里とを行ったり来たりするのだろうか。

これは昔の人が夏は里で野良仕事をして、冬になると山仕事をしていたためかもしれない。あるいは、もともと岩や森を山の神として信仰していたが、稲作が広まっていく過程で、山神から農耕神へと展開していった歴史があるからかもしれない。

また、田んぼは山から流れ出る水の恵みによって作られる。カエルやトンボなどの田んぼに棲《す》む生き物も水田と里山とを行き来するような生活史を送るものが多い。このように、山と水田とは、深い関係があったことが、神様が山と田を行き来していた理由でもあるだろう。恐ろしい形相で村を歩き回る秋田県男鹿《おが》半島のナマハゲも、その正体は、山からやってくる田の神である。

田の神は本来は目には見えないが、ナマハゲのように視覚化されたものも少なくない。本来は、福をもたらす来訪神だが、いつしか怖い鬼の形相になり、ついには言うことを聞かない子どもたちをしつけて歩くようになったのである。

神様を感じる

日本にはお祭りがたくさんある。

夏祭りは祖先の霊を迎えるという意味もあるが、もともとは、イネの成長を願う祈りの意味がこめられている。そして、秋祭りは、イネの収穫への感謝の気持ちが込められている。

神様にお祈りしたり、感謝するというのは、科学技術の進んだ現代からすれば、ずいぶんと迷信じみたものに思えるかも知れない。しかし、本当にそうだろうか。

科学技術の進んだ現代であってもお天気を自由に操ることはできない。運動会で晴れてほしい日に雨が降ることがある。水不足で雨が降ってほしいのに、晴天が続くこともある。寒い冬もある。暖かい冬もある。猛暑もある。冷夏もある。空梅雨もあれば、集中豪雨もある。台風も来る。ゲリラ豪雨も降る。雷雨もある。突風も吹く。私たちは、天候を自由にすることはできない。まったくの無力なのである。

現代でも異常気象になれば、農作物は被害を受けて、野菜や果物の値段は高騰する。現代でさえそうなのだから、昔の人にとっては、できることはただ天の神様に祈ることだけだったのだろう。

植物を育ててみれば、簡単に昔の人たちの気持ちを感じることができる。

種子《たね》をまけば、ちゃんと芽が出るか心配である。待ち遠しかった芽生えを見つければ、うれしい気持ちを感じるだろう。せっかく芽が出たのに、雨が降らなければ枯れてしまわないか心配である。そして、丹精込めて育てた草花や野菜が花を咲かせ、果実を実らせたときには、喜びを感じずにはいられないだろう。そして、植物を育てたのは、人間にはコントロールすることのできない太陽の力と雨の力であったと感じるだろう。昔の人にとっては、それが神であった。

しかも、稲作は一年に一度しか行うことができない。失敗は許されないのである。

もし、夏の甲子園大会が雨のために延期されることもなく中止になってしまったとしたら一年間、練習をしてきた球児たちはどう思うだろう。もし、大学入試試験が異常気象のせいで中止になりますと言われたら、頑張ってきた受験生はどう思うだろう。

イネが被害を受けて収穫が得られないということは、一年間掛けて食糧を生産する人々にとっては生死にかかわる。高校野球中止や入学試験中止以上に痛手なことである。

昔の人たちが、神に祈ったり、神に感謝したのは、私たち現代人の自然な気持ちと何一つ変わらないのである。

「米」という神聖なもの

私たち日本人にとって、「米」は単なる食糧ではない。日本人にとっては、それは神が宿るほどの神聖なものであった。

寿司屋では、米のことを「銀シャリ」という。シャリというのは、仏さまの骨のことである。ご飯粒が砕いた骨に似ていることに由来しているが、それにしてもたとえがすごい。いずれにしても、仏様の骨のように尊いものとされたのである。

また、昔から、米の一粒一粒に神が宿っているとも言われてきた。そして、一粒の米も粗末にしてはいけないと言い伝えられてきたのである。

米を食べる道具も、特別な存在である。

日本では、ご飯を食べるお箸と茶碗《ちゃわん》は、家庭ではそれぞれで使うものが決められていて、自分専用のものがある。フォークやスプーンは個人個人ではなく、共通である。また、味噌《みそ》汁《しる》を飲むお椀《わん》も家族で同じことが多い。それなのに、箸と茶碗は別々なのである。

正月に食べる祝い箸は、両端が細くなっていて、どちらでも物を挟めるようになっている。これは、自分が食べる反対側は、その年の歳神様が使うためである。

サクラの枝にやってきた田んぼの神様と、酒を飲み、ご馳走《ちそう》を食べるように、日本では神様と共に食事をする「神人共食《しんじんきょうしょく》」という習慣がある。

そして、この祝い箸で神聖な米から作られた餅の入った雑煮を食べるのである。

日本人は田植えのリズム

高校野球や運動会の行進を見ていると、日本人はひざを曲げて、地面を踏みしめて行進をしていく。一方、外国の軍隊の行進を見ていると、ひざを曲げずに伸ばしたまま、足を高く上げて歩いていく。

この違いは、どこから来るのだろう。

西洋人が背筋を伸ばし、足を伸ばして颯爽《さっそう》と歩いて行くのに比べると、日本人の歩き方は、ひざを曲げて腰を落とし、背中を丸くした姿勢で歩いていく。どこか、格好悪く見えてしまうかも知れないが、このひざを曲げて、足を垂直に下ろす歩き方は、田んぼの中を歩くときに都合の良い足の運び方である。一方、足を伸ばす西洋の行進は、足を突っ張る乗馬に由来するとも言われている。

また、柔道や相撲でも、日本人は重心を低くすることを重んじるが、これこそが、田んぼの中で転ばずに安定して立つのに必要である。

さらに田植えは、日本人のリズム感にも影響を与えていると言われている。

音楽を聞くときに、手を叩《たた》くが、日本人は表の拍を叩くことに抵抗はないが、裏拍でリズムを取ったり、アップビートの曲に乗って拍手することはあまり得意ではない。また、四拍子のリズムは得意だが、ワルツのような三拍子のリズムに乗ることは得意ではないと言われる。

日本人の掛け声を見てみよう。「エッサ・ホイサ」「ワッショイ・ワッショイ」「エンヤーコラ・ドッコイショ」というように、表拍が強くなる。これは鍬《くわ》で耕したり、田植えで苗を植えるときのリズムなのである。昔は、農作業などの労働をしながら、人々は歌を歌った。そうして生まれた民謡や盆踊りなど、日本人になじみのある歌は、すべて二拍子や四拍子の表拍のリズムなのである。

一方、馬に乗る人々は違ったリズムを持つ。馬の駆ける音を思い浮かべると、「パカラッ、パカラッ」と裏拍が強くなる。また、「パカパカパカ」とゆっくり歩くときには、三拍子のリズムが聞こえるのである。

さらに、日本人の得意とするリズムは、「タン・タン・タン・ウン」と一拍目が強く、四拍目が休符だと、心地よい。田植えは、全員で息を合わせる必要がある。そのため、日本の田植え唄や労働歌は、休符を取って、リズムを合わせるようになっている。

日本人のリズム感にまで、田植えは影響していると言われているのである。

日本人のアイデンティティ

個性を重視する欧米では、子どもたちはこう言われて育つ。「あなたの他の人と違うところはどこなの？」

これに対して、日本の子どもたちはこう言われる。「どうして他の人と同じようにできないの?」

日本では、他の人と同じであることが必要以上に求められるのである。

あるいは、新渡戸稲造《にとべいなぞう》の『武士道』の中で、アメリカ人の新渡戸稲造の妻が驚いたエピソードが出てくる。

暑い日、日本人の女性二人が道ばたで出会う。一人は日傘をさしている。もう一人は日傘を持っていない。すると、日傘をさしていた女性は炎天の下で、日傘を閉じたのである。自分だけ、涼しい思いをするのは悪い、という日本人にはごく当たり前の感覚だが、アメリカ人の新渡戸稲造の妻には、それが不思議だったという。

傘が大きければ、二人で日傘の下に入れば合理的である。たとえ、一人しか入れなかったとしても二人で暑い思いをするよりは、日傘をさしている人だけでも日蔭《ひかげ》に入った方が効率的だ。しかし、二人で暑さを分かちあう、それが日本人なのである。

自分の意見を押し殺しても集団に同調しようとする。しかし一方で協調性を重んじ、集団で力を合わせて行動をすることに長けている。こうした日本人の気質は、水田稲作によって育まれてきたと指摘されている。

イネを作るときには、集団作業が不可欠である。

すべての田んぼは水路でつながっているから、自分の田んぼだけ勝手に水を引くことはできない。水路を引き、水路を管理することも共同で行わなければならないのだ。そして、自分の都合のいいように勝手なことをすることは、自分の田んぼだけに水を引く意味の「我田引水」と言われて批判されてきた。

さらにイネの栽培も手がかかるので一人ではできない。特に田植えは多大な労働力を必要とする。みんなで並んで揃《そろ》って田植えをする必要がある。そのため、村中総出で協力しあって作業をしてきた。

力を合わせなければ行うことができない。こうした稲作の特徴が協調性や集団行動を重んじる日本人の国民性の基にあると考えられているのである。

災害を乗り越えて

日本人特有の気質の大きな要因は「稲作」にあると指摘されている。しかし、他人を思いやり、協力し合う日本人の協調性を作り上げてきたのは、稲作ばかりではないだろう。

米は日本人にとって重要な食糧ではあったが、日本を見渡せば水がなく田んぼを拓くことのできない地域もたくさんあったのである。

私は日本人の気質を醸成してきたものとして、稲作と共に、度重なる災害があったのだと思う。

日本は世界でも稀《まれ》に見る天災の多い国である。日本人は長い歴史の中で幾たびもの自然災害に遭遇し、それを乗り越えてきた。

科学技術が発達した二一世紀の現在であっても、私たちは災害を避けることはできない。毎年のように日本のどこかで水害があり、毎年のように日本のどこかで地震の被害がある。防災技術の進んだ現在でもこれだけの被害があるのだから、防災設備や予測技術がなかった昔の日本であればなおさらだろう。

長い歴史の中で、日本人にとって災害を乗り越えるのに必要なことは何だったのだろう。それこそが、力を合わせ、助け合うという協調性だったのではないだろうか。

東日本大震災のときに、日本人はパニックを起こすことなく、秩序を保ちながら長い行列を作った。そして、被災者どうしが思いやり、助け合いながら、困難を乗り越えたのである。その冷静沈着で品格ある日本人の態度と行動は、世界から賞賛された。

災害のときに、もっとも大切なことは助け合うことである。人は一人では生きていけない。ましてや災害の非常時にはなおさらである。

短期的には、自分さえ良ければと利己的に振る舞うことが有利かも知れない。しかし、大きな災害を乗り越えるためには、助け合うことが欠かせない。

くりかえされる自然災害の中で助け合うことのできる人は助かり、助け合うことのできる村は永続していったのだろう。そして、世界が賞賛するような、協力し合って災害を乗り越える日本人が作られたのである。

もちろん、水田を復興し、イネを作るためにも力を合わせなければならない。

日本の人たちは、水害で田んぼが沈んでも、冷害でイネが枯れても、地震で田んぼがひび割れても、けっしてイネを作ることを諦めなかった。どんなに打ちのめされても、どんなにつらい思いをしても、変わることなく次の年には種子をまき、イネの苗を植えたのである。励まし合い、助け合いながら、日本人は災害を乗り越えイネを作り続けてきた。

おそらくは度重なる災害が、日本人の協調性をさらに磨き上げた。そして、その協調性によって、日本人は力を合わせて稲作を行ってきたのではないだろうかと思えるのである。

世界に誇るべきもの

外に向かわず、内向きな国民性。個人の意見を言わず、個人では判断しない同質集団。このような日本人の気質は、手を掛ければ生産性が高まる日本の田んぼや、力を合わせて行う日本の稲作によって培われてきた。

ただ一方で、こうした日本人の特徴は、外交的で、個性を尊重する欧米からは理解されずに、ときに批判を浴びてきた。そして、日本人は批判されるたびに、欧米流のものの考え方を取り入れようと努力してきた。もちろん、集団を優先し、個人を犠牲にしがちな日本人の気質には、欠点もある。

しかし、悪いところばかりではない。

大災害にあったときに、パニックや暴動を起こさずに、泣きわめくこともなく、ときには笑顔でインタビューを受ける姿を見て、世界の人々は不思議がった。しかし、日本人であれば、この行動はよくわかる。

もちろん、悲しくないはずはない。大声をあげて泣きたいに決まっている。しかし、それでは相手が悲しい気持ちになってしまう。相手に悲しい思いをさせないために、じっと耐えて、笑顔を見せているのだ。

相手の心に同調して、悲しい気持ちを共有できる日本人。そして、相手の気持ちを慮って笑顔を見せる日本人気質がそこにはあるのだ。

グローバル化の時代である。自分の国の欠点は反省し、他の国の良いところは取り入れることはもちろん大切である。しかし、外国をうらやむだけでもいけないだろう。

稲作は大陸から海を越えてやってきた。それ以来、日本では新しいもの、優れたものはすべて海を越えてやってきた。そのため、日本では今でも外国のものをありがたがり、外国の考え方や習慣を取り入れようとする傾向にある。

しかし、日本には日本の良さもある。

相手のことを思いやる気持ち。相手に寄り添う心。悠久の稲作の歴史の中で日本人が育んできた大切なものは失わずに、むしろ海を越えて世界に伝えていきたい、私はそう思う。

おわりに

子どもの頃、田舎にあった祖父母の家の近くの田んぼで、よく遊んだものだ。

春休みには、畦《あぜ》でツクシを摘んだ。

夏休みには、畦でバッタを取ったり、用水路で魚を獲《と》ったりした。

そして、冬休みには、稲刈りの終わった田んぼで凧《たこ》揚げをした。


あれから、もう何十年もの月日が経《た》った。

やがて私は中学生になり、高校生になり、大学生になった。

大人になって結婚をして、子どもが生まれて家族ができた。そして、その子どもたちも成長し、大人になろうとしている。


色々な仕事をした。色々な趣味も楽しんだ。

色々な研究もした。イネや田んぼの研究をしたこともあるし、他のことをテーマにして研究をしたこともある。

色々なことに飽きてしまったこともある。色々なことが嫌になったこともある。

色々なことがあった長い年月……、田んぼでは毎年、変わることなくイネが植えられていた。そして、田んぼでは毎年、変わることなく米が収穫されていたのである。

これは、とてもすごいことだと私は思う。

いや私が生きてきた数十年の話ではない。

時代が変わっても、何が起こっても、長い歴史の中で人々は米を作り続けてきた。

そして、日本人はこの稲作を何千年もの間、絶やすことなく繰り返しているのである。

これは、とてつもなくすごいことではないだろうか。

日本は自然災害の多い国である。

毎年のように、どこかで水害が起きる。毎年のように、どこかで台風の被害が出る。そして、どこかで地震の被害もある。

しかし、私たちの祖先は、その災害を乗り越え、命をつないできた。そして、米を作り続けてきたのである。

長い歴史の中で、当たり前のように米が穫《と》れたわけではない。冷害の年もあっただろう。凶作の年もあっただろう。大きな災害に見舞われた年もあっただろう。しかし、私たちの祖先は米作りをやめなかった。そして毎年、毎年、変わることなく、当たり前のようにイネを作り続けてきたのである。

ある農家の人が私に「日本人はあきらめる心とあきらめない心でイネを作ってきた」と教えてくれたことがある。

自然災害は人間の力では、どうすることもできない。それは、あきらめるしかない。しかし、日本人はあきらめずに、イネを植えてきた。何があっても、どんな目にあっても、稲作をやめることはなかった。イネを作ることだけは、あきらめなかったのである。

親から子へ、子から孫へと、イネの種子《たね》は受け継がれてきた。そして、何千年という悠久の歴史の中で、稲作の歴史は、途切れることなく行われてきたのだ。

そんな歴史に思いを馳《は》せるとき、私は一杯のご飯に尊さを感じずにいられない。そして、一粒の米を愛《いとお》しく感じずにいられない。

そして近頃、日本から田んぼの風景が減っていることを、ちょっぴり寂しく思うのである。

最後に本書を作成する機会を与えていただき、編集にご尽力いただいた筑摩書房の吉澤麻衣子さんに心から厚くお礼申し上げます。

ちくまプリマー新書

252
植物はなぜ動かないのか
——弱くて強い植物のはなし
稲垣栄洋
自然界は弱肉強食の厳しい社会だが、弱そうに見えるたくさんの動植物たちが、優れた戦略を駆使して自然を謳歌している。植物たちの豊かな生き方に楽しく学ぼう。

291
雑草はなぜそこに生えているのか
——弱さからの戦略
稲垣栄洋
古代、人類の登場とともに出現した雑草は、本来とても弱い生物だ。その弱さを克服するためにとった緻密な生存戦略とは？　その柔軟で力強い生き方を紹介する。

193
はじめての植物学
——植物たちの生き残り戦略
大場秀章
身の回りにある植物の基本構造と営みを観察してみよう。大地に根を張って暮らさねばならないことゆえの、巧みな植物の「改造」を知り、植物とは何かを考える。

319
生きものとは何か
——世界と自分を知るための生物学
本川達雄
生物の最大の特徴はなんだろうか？　地球上のあらゆる生物は様々な困難（環境変化や地球変動）に負けず子孫を残そうとしている。生き続けることこそが生物!?

138
野生動物への2つの視点
——〝虫の目〟と〝鳥の目〟
高槻成紀
南正人
野生動物の絶滅を防ぐには、観察する「虫の目」と、生物界のバランスを考える「鳥の目」が必要だ。〝かわいそう＝保護する〟から一歩ふみこんで考えてみませんか？

ちくまプリマー新書

155
生態系は誰のため？
花里孝幸
湖の水質浄化で魚が減るのはなぜ？　湖沼のプランクトンを観察してきた著者が、生態系・生物多様性についての現代人の偏った常識を覆す。生態系の「真実」！

163
いのちと環境
――人類は生き残れるか
柳澤桂子
生命にとって環境とは何か。地球に人類が存在する意味、果たすべき役割とは何か――。『いのちと放射能』の著者が生命四〇億年の流れから環境の本当の意味を探る。

176
きのこの話
新井文彦
小さくて可愛くて不思議な森の住人。立ち枯れの木、倒木、落ち葉、生木にも地面からもにょきにょき。「きのこ目」になって森へ出かけよう！　カラー写真多数。

223
「研究室」に行ってみた。
川端裕人
研究者は、文理の壁を超えて自由だ。自らの関心を研究として結実させるため、枠からはみだし、越境する姿は力強い。最前線で道を切り拓く人たちの熱きレポート。

228
科学は未来をひらく
――〈中学生からの大学講義〉3
村上陽一郎
中村桂子
佐藤勝彦
宇宙はいつ始まったのか？　生き物はどうして生きているのか？　科学は長い間、多くの疑問に挑み続けている。第一線で活躍する著者たちが広くて深い世界に誘う。

ちくまプリマー新書

011
世にも美しい数学入門
藤原正彦
小川洋子
数学者は、「数学は、ただ圧倒的に美しいものです」とはっきり言い切る。作家は、想像力に裏打ちされた鋭い質問によって、美しさの核心に迫っていく。

157
つまずき克服！ 数学学習法
高橋一雄
数学が苦手なすべての人へ。算数から中学数学、高校数学へと階段を登る際、どこで、なぜつまずいたのかを自己チェック。今後どう数学と向き合えばよいかがわかる。

029
環境問題のウソ
池田清彦
地球温暖化、ダイオキシン、外来種……。マスコミが大騒ぎする環境問題を冷静にさぐってみると、ウソやデタラメが隠れている。科学的見地からその構造を暴く。

038
おはようからおやすみまでの科学
佐倉統
古田ゆかり
毎日の「便利」な生活は科学技術があってこそ。料理も洗濯も、ゲームも電話も、視点を変えると楽しい発見がたくさん。幸せに暮らすための科学との付き合い方とは？

044
おいしさを科学する
伏木亨
料理の基本にはダシがある。私たちがその味わいを欲してやまないのはなぜか？ その理由を生理的、文化的知見から分析することで、おいしさそのものの秘密に迫る。

ちくまプリマー新書

054
われわれはどこへ行くのか？
松井孝典
われわれとは何か？　文明とは、環境とは、生命とは？　世界の始まりから人類の運命まで、これ一冊でわかる！　壮大なスケールの、地球学的人間論。

101
地学のツボ
——地球と宇宙の不思議をさぐる
鎌田浩毅
地震、火山など災害から身を守るには？　地球や宇宙の起源に迫る「私たちとは何か」。実用的、本質的な問いを一挙に学ぶ。理解のツボが一目でわかる図版資料満載。

115
キュートな数学名作問題集
小島寛之
数学嫌い脱出の第一歩は良問との出会いから。「注目すべきツボ」に届く力を身につければ、ものごとの本質を見抜く力に応用できる。めくるめく数学の世界へ、いざ！

120
文系？　理系？
——人生を豊かにするヒント
志村史夫
「自分は文系（理系）人間」と決めつけてはもったいない。素直に自然を見ればこんなに感動的な現象に満ちている。「文理（芸）融合」精神で本当に豊かな人生を。

012
人類と建築の歴史
藤森照信
母なる大地と父なる太陽への祈りが建築を誕生させた。人類が建築を生み出し、現代建築にまで変化させていく過程を、ダイナミックに追跡する画期的な建築史。

ちくまプリマー新書

166 フジモリ式建築入門 藤森照信

建築物はどこにでもある身近なものだが、改めて「建築とは何か？」と考えてみるとこれがムズカシイ。ヨーロッパと日本の建築史をひもときながらその本質に迫る本。

175 系外惑星 ——宇宙と生命のナゾを解く 井田茂

銀河系で唯一のはずの生命の星・地球が、宇宙にあふれているとはどういうこと？　理論物理学によって、太陽系外惑星の存在に迫る、エキサイティングな研究最前線。

177 なぜ男は女より多く産まれるのか ——絶滅回避の進化論 吉村仁

すべては「生き残り」のため。競争に勝つ強い者ではなく、環境変動に対応できた者のみ絶滅を避けられるのだ。素数ゼミの謎を解き明かした著者が贈る、新しい進化論。

178 環境負債 ——次世代にこれ以上ツケを回さないために 井田徹治

今の大人は次世代に環境破壊のツケを回している。雪だるま式に増える負債の全容とそれに対する取り組みがこの一冊でざっくりわかり、今後何をすべきか見えてくる。

183 生きづらさはどこから来るか ——進化心理学で考える 石川幹人

現代の私たちの中に残る、狩猟採集時代の心。環境に適応しようとして齟齬をきたす時「生きづらさ」となって表れる。進化心理学で解く「生きづらさ」の秘密。

ちくまプリマー新書

187
はじまりの数学
野崎昭弘
なぜ数学を学ばなければいけないのか。その経緯を人類史から問い直し、現代数学の三つの武器を明らかにして、その使い方をやさしく楽しく伝授する。壮大な入門書。

195
宇宙はこう考えられている
——ビッグバンからヒッグス粒子まで
青野由利
ヒッグス粒子の発見が何をもたらすかを皮切りに、宇宙論、天文学、素粒子物理学が私たちの知らない宇宙の真理にどのようにせまってきているかを分り易く解説する。

250
ニュートリノって何？
——続・宇宙はこう考えられている
青野由利
話題沸騰中のニュートリノ、何がそんなに大事件？　素粒子物理学の基礎に立ち返り、ニュートリノの解明が宇宙の謎にどう迫るのかを楽しくわかりやすく解説する。

206
いのちと重金属
——人と地球の長い物語
渡邉泉
多すぎても少なすぎても困る重金属。健康を維持し文明を発展させる一方で、公害の源となり人を苦しめる。「重金属とは何か」から、科学技術と人の関わりを考える。

215
1秒って誰が決めるの？
——日時計から光格子時計まで
安田正美
1秒はどうやって計るか知っていますか？　137億年動かし続けても1秒以下の誤差という最先端のイッテルビウム光格子時計とは？　正確に計るメリットとは？

ちくまプリマー新書

246 弱虫でいいんだよ 辻信一

「弱い」よりも「強い」方がいいのだろうか？ 今の社会の価値基準が絶対ではないことを心に留めて、「弱さ」について考える。

231 神社ってどんなところ？ 平藤喜久子

初詣、七五三、お宮参り……神社は身近な存在です。では、そこに何の神様が祀られているか知っていますか？ 意外と知らない神社のこと、きちんと知ろう！

245 だれが幸運をつかむのか——昔話に描かれた「贈与」の秘密 山泰幸

読者に支持され語りつがれてきた昔話の多くがハッピーに終わる。そこに描かれた幸せの構造を、「贈与」「援助者」というキーワードによって解き明かす。

090 食べるって何？——食育の原点 原田信男

ヒトは生命をつなぐために「食」を獲得してきた。それは文化を生み、社会を発展させ、人間らしい生き方を創る根本となった。人間性の原点である食について考え直す。

265 身体が語る人間の歴史——人類学の冒険 片山一道

人間はなぜユニークなのか。なぜこれほど多様なのか。日本からポリネシアまで世界を巡る人類学者が、身体の歴史を読みとき、人間という不思議な存在の本質に迫る。

chikuma primer shinsho

ちくまプリマー新書324

イネという不思議《ふしぎ》な植物《しょくぶつ》

二〇一九年四月十日　初版第一刷発行

著者　稲垣栄洋（いながき・ひでひろ）

装幀　クラフト・エヴィング商會

発行者　喜入冬子

発行所　株式会社筑摩書房
東京都台東区蔵前二‐五‐三　〒一一一‐八七五五
電話番号　〇三‐五六八七‐二六〇一（代表）

印刷・製本　中央精版印刷株式会社

ISBN978-4-480-68350-2 C0245 Printed in Japan